计算机网络基础

孔 磊 ◎著

中国華僑出版社
·北京·

图书在版编目（CIP）数据

计算机网络基础 / 孔磊著. -- 北京 : 中国华侨出版社，2021.11
ISBN 978-7-5113-8462-1

Ⅰ. ①计… Ⅱ. ①孔… Ⅲ. ①计算机网络 Ⅳ. ①TP393

中国版本图书馆CIP数据核字(2020)第233991号

计算机网络基础

著　　者 / 孔　磊
责任编辑 / 江　冰 桑梦娟
封面设计 / 北京万瑞铭图文化传媒有限公司
经　　销 / 新华书店
开　　本 / 787毫米×1092毫米　1/16　　印张 / 12.5　　字数 / 240千字
印　　刷 / 北京天正元印务有限公司
版　　次 / 2021 年 11 月第 1 版　　　2021 年 11 月第 1 次印刷
书　　号 / ISBN 978-7-5113-8462-1
定　　价 / 66.00元

中国华侨出版社　北京市朝阳区西坝河东里 77 号楼底商 5 号　　邮编：100028
发行部：（010）69363410　　传　真：（010）69363410
网　址：www.oveaschin.com　　E-mail：oveaschin@sina.com

前言

计算机网络是当今计算机科学与技术领域中最为重要的学科之一，也是对当前社会和经济发展影响最大的领域之一。计算机网络是计算机技术与通信技术相互渗透且密切结合而形成的一门交叉学科。计算机网络的发展，特别是Internet的普及，使人们的学习、工作和生活方式发生了根本变化，与计算机网络的联系也越来越密切。计算机网络系统提供了丰富的资源以便用户共享，具有更高的灵活性和便捷性。我国现代化建设和发展需要一批掌握计算机网络与通信技术的实践技能型人才，因此，计算机网络已经成为高职高专院校计算机专业学生学习的一门重要课程，也是从事计算机网络应用维护、研究等人员需要掌握的重要技术之一。

在今天的信息时代，计算机网络的应用大大缩短了人与人之间的时间与空间距离，更进一步扩大了人类社会群体之间的交互与协作范围。同时，计算机网络也对社会的进步产生了巨大的影响。以Internet为代表的网络应用技术和高速网络技术使网络技术发展到了一个更高的阶段。基于网络技术的电子政务、电子商务、远程教育、远程医疗与信息安全技术正在以前所未有的速度发展，计算机网络正在改变着人们的工作方式与生活方式，网络技术的发展与应用也已成为影响一个国家与地区政治、经济、科学与文化发展的重要因素之一。

随着我国信息技术与信息产业的发展，社会上需要大批掌握计算机网络与通信技术的人才。因此网络技术已经成为广大学生学习的一门重要课程，也是从事计算机应用与信息技术的研究、应用的专业技术人员应该掌握的重要知识。为了适应这种新形势和新需要，作者根据多年从事网络课程教学实践与科研工作的经验编写了本书，希望为广大读者提供一本既保持知识的系统性，又能反映当前网络技术发展最新成果，语言通俗、层次清楚、概念准确的图书。

目录

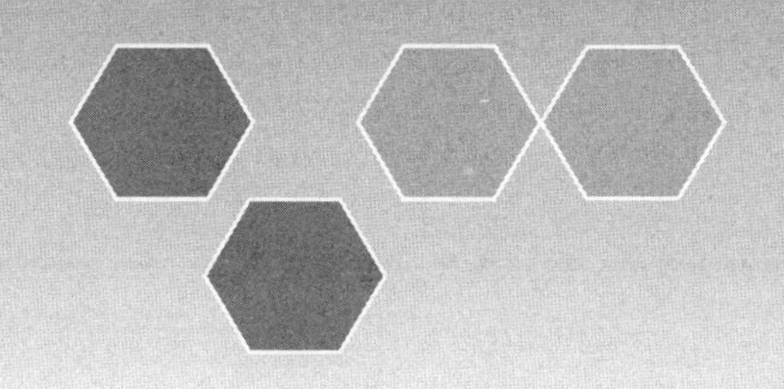

第一章　计算机网络概论

第一节　计算机网络的概念

一、计算机网络的概念

凡将地理位置不同，并具有独立功能的多个计算机系统通过通信设备和线路连接起来，且以功能完善的网络软件实现网络资源共享的系统，均可称为计算机网络。

对概念理解的几点说明，即计算机网络的主要特征：

第一，计算机网络由多台计算机和相关外部设备组成的一个群体，计算机是信息处理的主体。

第二，地理位置：相同和不同位置的计算机都可以组成网络。

第三，独立功能：网络系统中各个相连的计算机既相互联系又相对独立，即两台计算机之间不存在主从关系，每台计算机具有自身独立的软件和硬件资源，一台计算机的启动、运行和停止不受其他计算机的控制。即使网络出现故障，用户可以继续使用自己的计算机独立工作，是自治的系统。

第四，多个计算机系统：两台或以上计算机系统互连，至少两台。

第五，连接：需要通信设备和通信线路连接而实现数据交换，通信设备包括交换机、路由器等，而通信线路主要指双绞线、同轴电缆、光缆等有形介质和微波、无线电波等无形介质。

第六，软件资源：包括网络操作系统、网络协议、信息交换方式等。

第七，目的：资源共享和在线通信。资源共享包括共享数据、共享应用程序、共享外围设备；电子邮件 E-mail 是在线通信的典型代表。

第八，不同计算机间的通信是通过双方的通信协议实现信息交互的。全网采用统一的网络协议，即全网中各计算机在通信过程中必须共同遵守“全网统一”的通信规则（相同的语言），即网络协议。

二、使用计算机网络的原因

（一）单机系统的缺陷

第一，单机资源少且全部只能被单用户独占。

第二，单机资源不能共享，利用率低。

第三，单机之间不能互相通信。

（二）计算机网络的意义

网络是指“三网”，即电信网络、有线电视网络和计算机网络，其中发展最快的并起到核心作用的是计算机网络。三网融合是指电信网、广播电视网、互联网在向宽带通信网、数字电视网、下一代互联网演进过程中，三大网络通过技术改造，其技术功能趋于一致，业务范围趋于相同，网络互联互通、资源共享，能为用户提供语音、数据和广播电视等多种服务。三网合并不意味着三大网络的物理合一，而主要是指高层业务应用的融合。三网融合应用广泛，遍及智能交通、环境保护、政府工作、公共安全、平安家居等多个领域。以后的手机可以看电视、上网，电视可以打电话、上网，电脑也可以打电话、看电视。三者之间相互交叉，形成你中有我、我中有你的格局。

计算机网络已经渗透到了各行各业乃至家庭，并不断地改变人们的思想观念、工作模式和生活方式。21 世纪的一个重要特征就是数字化、网络化和信息化，这是一个以网络为核心的信息时代，网络已成为信息社会的命脉和发展知识经济的重要基础。一个国家的信息基础设施和网络化程度已成为衡量其现代化水平的重要标志，而一个国家的计算机网络建设水平，也已成为衡量其科技能力、社会信息化程度的重要标志。

三、计算机网络的组成：查源子网和通信子网

从功能角度出发，计算机网络是由资源子网和通信子网两部分构成。

（一）资源子网

完成网络的数据处理功能，向网络用户提供资源与网络服务，由各种数据处理资源和数据存储资源组成，包括联网的计算机、终端和可供共享的外部设备（磁盘、打印机）、软件和数据组成。

资源子网的设备通过数据传输介质连接到通信接口装置（结点），各结点再按一定的拓扑结构连接成网络。

（二）通信子网

完成网络的数据传输和通信处理功能，由数据传输介质、通信接口设备和网络协议等组成。

传输介质分两类：一类是有线（双绞线、同轴电缆和光纤），另一类为无线（微波和卫星传送）。

通信接口设备指计算机和网络传输介质间的物理接口，或称为节点，它可以按一定方式将信息传输给另外的节点，如调制解调器和各种互联设备。

第二节　计算机网络的形成

计算机网络是计算机科学技术与通信技术逐步发展、紧密结合的产物，是信息社会的基础设施，是信息交换、资源共享和分布式应用的重要手段。

美国建立的半自动地面防空系统 SAGE，第一次实现了利用计算机远距离地集中控制和人机对话，被誉为计算机通信发展史上的里程碑，从此计算机网络开始逐步形成、发展。计算机网络的形成大致可分为三个阶段：计算机终端网络、计算机通信网络、计算机网络。

一、计算机终端网络

计算机终端网络又称为分时多用户联机系统，其特点是在通信软件的控制下，各个用户在自己的终端上分时轮流地使用中央主计算机系统的资源，只存在“终端—计算机”之间的通信，而一台计算机所能连接的终端的数量随其中央主计算机的性能而定。

在本阶段的终端设备是用户访问中央主计算机系统的窗口，具有特殊的编辑和会话功能，但不具备自主处理数据信息的能力，仅能完成简单的输入输出功能，所有的数据处理和通信处理任务均由中央主计算机来完成。

面向终端的网络存在两个缺点：第一，主计算机负荷较重，既要承担多终端系统的通信控制和通信数据的处理工作，同时还要执行每个用户的作业；第二，远距离时因每个用户独占一条通信线路，花费的费用高。

目前，我国的金融系统广泛采用此模式，但其软、硬件设备和通信设施都已更新换代，提高了网络的运行效率。

二、计算机通信网络

为满足应用的需要，将多个计算机终端网络连接起来，形成了以传输信息为主要目的的计算机通信网络，这种网络是含有前端处理机（FEP）或通信控制处理机（CCP）的多机系统，不仅能够实现“终端—计算机”之间的通信，而且还实现了“计算机—计算机”之间的通信。

计算机通信网络的工作过程：

终端请求信息：终端→集中器→ FEP →主计算机。

主机发送信息：主计算机→ FEP →集中器→终端。

集中器用于终端设备较密集的地方，以减少终端对前端处理机的频繁打扰，它以高速线路和前端处理机相连、以低速线路和终端相连，从而提高了通信线路的性价比。

在计算机通信网络中，主机系统之间的数据传输都是通过各自的前端处理机来实现的。

计算机终端网络、计算机通信网络两个阶段由于全网缺乏统一的软件控制信息交换和资源共享，因此都属于计算机网络的低级形式。

三、计算机网格

（一）ARPA 网络

美国国防部高级研究计划局成功地开发了 ARPA 网络（也作 ARPANET），它是世界上第一个以资源共享为主要目的的计算机网络，标志着计算机网络的发展进入到第三阶段。

虽然 ARPA 网络已经于 1990 年退役，但它为今天的因特网（Internet）的诞生与发展奠定了基础，Internet 起源于 ARPANET 是公认的事实。

（二）计算机网络与计算机通信网络的比较

计算机网络与计算机通信网络的硬件组成一样，都是由主计算机系统、终端设备、通信设备和通信线路四大部分组成的。在结构上都是将若干个多机系统用高速通信线路连接起来，使它们的主计算机之间能相互交换信息、调用软件以及调用其中任一主计算机的资源。

计算机网络与计算机通信网络的根本区别是计算机网络是由网络操作系统软件来实现网络的资源共享和管理的，而计算机通信网络中，用户只能把网络看作若干个功能不同的计算机网络系统之集合，为了访问这些资源，用户需要自行确定其所在的位置，然后才能调用。因此，计算机网络不只是计算机系统的简单连接，还必须有网络操作系统的支持。

计算机网络是计算机应用的高级形式，从功能角度出发，计算机网络可以看成通信子网和资源子网两部分构成的；从用户角度来看计算机网络则是一个透明的数据传输机构。

注意：以上三个阶段的划分并不是绝对的，各阶段之间也不是迥然分开的，相互之间存在着交叉。

第三节　计算机网络的分类

对计算机网络进行分类时，根据其强调的特性不同，具有多种分类方法，下面对其中的主要方法进行介绍。

一、根据通信距离与覆盖及规模分类

计算机网络根据通信距离与覆盖范围及规模可分为局域网（LAN）、城域网（MAN）和广域网（WAN）。

（一）局域网（LAN，Local Area Network）

局域网是目前网络技术发展最快的领域之一，美国电气电子工程师协会 IEEE 的局部网络标准委员会曾提出如下定义：“局部地区网络通信一般被限制在中等规模的地理区域内，是专用的，由单一组织机构所使用。”

局域网的地理范围有限，网内的计算机通常在 1~2km 的范围内，具有较高的数据传输速率和较低的误码率（10^{-7}~10^{-12}），大多采用总线型、环型、星型拓扑结构，结构简单，容易实现。

需要强调指出的是，局域网中的计算机不一定都是微型计算机，但是，局域网迅速发展的背景却是微型计算机。如果组成局域网的计算机都是微型计算机的话，则称这种网络为微机局域网。

（二）城域网（MAN，Metropolitan Area Network）

城域网 MAN 的规模介于广域网和局域网之间，其大小通常覆盖一个城市，传输介质主要是光纤，既可用于专用网，又可用于公用网。

（三）广域网（WAN，Wide Area Network）

广域网又称为远程网，最根本的特点就是其机器分布范围广，常常借用传统的公共传输（电

报、电话）网来实现。广域网的布局不规则，使用权限和网络的通信控制比较复杂，要求必须严格遵守控制当局所制定的各种标准和规程，限制比较死。

因特网（Internet）是全球最大的广域网。

值得注意的是计算机网络因其覆盖的范围不同，它们采用的传输技术也是不同的，因而形成了各自不同的网络技术特点。由于传输距离远，机器数量多，广域网的误码率与局域网相比要高，但随着技术的发展，误码率会越来越低。

局域网和广域网侧重点上不同。局域网侧重于共享信息的处理，而广域网一般侧重共享位置准确无误及传输的安全性。

二、其他分类方法

（一）根据网络的拓扑结构分类

按网络拓扑结构可分为星型网、树型网、环型网和总线型网等，有关的内容在“网络的拓扑结构”中进行讲解。

（二）按信息交换方式分类

根据网络的信息交换方式可分为电路交换网、分组交换网和综合交换网。

电路交换网中收发双方独占线路，数据传输速度快，延迟小，但线路的利用率相对要低。

分组交换网中将用户发送的报文分割成若干分组信息，每个分组可通过不同地点发送到目的方，到达目的方后再重新装配成报文。目前互联网上的数据交换技术广泛采用分组交换方式。

（三）按传输介质分类

根据网络所采用的主要传输介质不同，可将网络分为双绞线网、同轴电缆网、光纤网和卫星网等。

需要指出的是，按传输介质分类的网络，并不是这种网络仅单一使用某一种传输介质，而是以其为主。

（四）按传输带宽分类

按传输带宽可分为基带网和宽带网。

基带网：未经调制的原始数字信号称为基带信号，传输此类信号的网络称为基带网。基带网只能传输数字信号。

宽带网：数字信号经过调制后，可得到一个具有固定频率的模拟信号，称为调制信号，传输具有不同频率调制信号的网络称为宽带网。

（五）按网络的使用者分类

按网络的使用者可分为公用网和专用网。

公共网（public network）由电信部门或其他提供通信服务的经营部门组建、管理和控制，网络内的传输和转接装置可供任何部门和个人使用；公用网常用于广域网络的构造，支持用户的远程通信。如我国的电信网、广电网、联通网等。

专用网（private network）由用户部门组建经营的网络，不容许其他用户和部门使用；由于投资的因素，专用网常为局域网或者是通过租借电信部门的线路而组建的广域网络。如由学校组建的校园网、由企业组建的企业网及军队、铁路、电力、银行等系统内专用网络。

（六）按数据传输方式分类

按数据传输方式不同可将网络分为点对点网络和广播网络。

点对点网络（Point to Point Network）由许多互相连接的结点构成，在每对机器之间都有一条专用的通信信道，因此在点对点的网络中，不存在信道共享与复用的情况。当一台计算机发送数据分组后，它会根据目的地址，经过一系列的中间设备的转发，直至到达目的结点，这种传输技术称为点对点传输技术，采用这种技术的网络称为点对点网络。

广播网络（Broadcasting Network）中仅使用一条通信信道，该信道由网络上的所有结点共享。在传输信息时，任何一个结点都可以发送数据分组，传到每台机器上，被其他所有结点接收。这些机器根据数据包中的目的地址进行判断，如果是发给自己的则接收，否则便丢弃它。广播网络有单播、广播、组播三种类型，总线型以太网就是典型的广播式网络。

第四节　计算机网络的功能与服务

计算机网络的诞生，不仅使计算机的作用范围超越了地理位置的限制，方便了用户，而且也增强了计算机本身的功能，使得它在社会生活的各行各业都发挥了重大作用，为人类和社会的发展提供了强大的功能与服务。

一、计算机网络的基本功能

（一）资源共享功能

有了计算机网络，网络中的用户可以共享分散在不同地点的各种软硬件资源和数据库，为用户提供了极大的方便，而充分利用计算机系统的软、硬件资源是组建计算机网络的主要目标之一，实现资源共享是计算机联网的最主要的目的和最大的好处。硬件资源包括硬盘存储器、光盘存储器等存储设备，打印机、扫描仪等输入输出设备及CPU；软件资源包括各种文件、应用软件及数据库等。

总而言之，资源共享包括共享数据、共享应用程序、共享外围设备等。

（二）均衡负荷与分布处理功能

当某个主机系统的负荷过重时，可以将某些作业通过网络送至其他主机系统处理，以便均衡负荷，减轻局部负担，提高设备的利用率。

对于综合性的大型问题，可以采用适当的算法，通过网络将任务分解到不同的计算机上进行分布式处理，共同协作完成。

（三）信息的快速传输和集中处理功能

通过网络可以快速地传递信息，并根据需要进行分散、分级和集中处理与管理，网络电子邮件、全国铁路订票系统、国家四级财政税收信息系统、银行的通存通兑系统就是典型应用。

（四）综合信息服务功能

计算机网络可以传输和提供数字、文本、语音、图形、图像、视频等各种信息，即多媒体信息，而电话、传真机、电视机、打印机、复印机、手机等办公、通信设备均可纳入计算机网络。

（五）提高系统的性能价格比，维护方便，扩展灵活

联网的计算机克服了单机的缺陷，能够资源共享，使用方便，性能价格比明显提高，并且网络系统扩充也很方便。

二、计算机网端的基本服务

网络的基本服务包括文件服务、打印服务、消息服务、应用服务和数据库服务及目录服务。

（一）文件服务

文件服务是指对数据文件的有效存储、提取以及传输这些内容，文件服务执行读、写、访问控制及数据管理等操作。

网络文件服务包括文件传输、文件存储器及数据移动、文件同步更新和文件归档等功能。

文件传输强调访问权限，只有授予了权限的用户才可以在权限范围内进行网络文件传输。

将数据从一个存储介质移动到另一个存储介质上称为数据迁移。

（二）打印服务

打印服务用来控制和管理对打印机和传真设备的访问。

网络打印服务可以减少一个部门所需要的打印机的数量，将共享的打印机放在最便于大家使用的地方。

将传真机连入网络，可以通过计算机收发传真。

（三）消息服务

消息服务的内容包括对正文、二进制数据、图像数据以及数字化声像数据的存储、访问和发送，典型应用是网络电子邮件（E-mail）。

消息服务不是简单地将数据文件存储起来，而是将数据一个点一个点地往前传送，并且通知等待这些数据的用户和程序。

（四）应用服务

应用服务是一种替代网络客户运行软件的网络服务。

应用服务不仅允许计算机之间可以共享数据，还允许计算机之间共享处理能力。

（五）数据库服务

数据库服务提供了基于数据库服务器进行的数据存储和提取操作，允许网络上的客户控制数据的处理以及数据的表示，典型应用方式是客户 / 服务器数据库系统。

客户/服务器数据库系统把请求以及提供数据操作的任务进行优化和分割。

（六）目录服务

目录服务是指存储网络资源并且使其能被用户和应用程序访问的网络服务。它提供一致的方式来命名、描述、定位、管理和保障关于网络资源的信息。

以上只是对网络服务做了简要说明，在实际应用中，网络服务可以集中放在一台计算机上或一组计算机上，也可以分布在网络上的所有计算机中，这主要由资源的控制、服务器专用性、网络操作系统、网络应用的实际需求等因素决定。

第五节 计算机网络的结构

计算机网络是由计算机系统、数据通信系统和网络操作系统组成的有机整体。计算机系统是网络的基本模块，它提供各种网络资源；数据通信系统是连接网络基本模块的桥梁，它提供各种连接技术和信息交换技术；而网络操作系统则是网络的组织管理者，它提供各种网络服务。从计算机网络设计者的角度来看，网络模块的组成及其相互间的连接方式，决定了网络的整体结构和性能。

一、网络基本模块

网络基本模块是组成计算机网络的基本要素，它以计算机为核心，相对独立的资源点，主要是由主机系统、终端系统、通信控制处理机、集中器、本地线路、高速线路组成的多机系统。

（一）主机（HOST）

负责数据处理和网络控制，相当于局域网中的服务器，具有通信处理能力、分时处理能力、多重处理能力、程序兼容能力、虚拟存储能力、数据库管理能力。主机与通信控制处理机之间利用通道或I/O接口相连。

（二）终端（TERMINAL）

用户进行网络操作时使用的设备，一般分为近程终端和远程终端，相当于局域网中的工作站。

（三）通信控制处理机（CCP）

主要作用是控制本地模块和终端设备之间的信息传送，以及对终端设备之间的通信线路进行控制管理，一般采用小型机或高档微机。在局域网中通常不设专用通信控制处理机，而把这部分任务交给主机的网卡来承担。

通信控制处理机具有线路传输控制、作业装配和拆卸、差错检测和恢复、路径选择和流量控制、代码转换等主要功能。

（四）集中器（CONCENTRATOR）

集中器实质上是在终端一侧的通信控制处理机，其作用是把若干终端经本地线路（一般为低速线路）集中起来，连接到1~2条高速线路上，以提高通信效率和降低通信费用，具有差错控制、代码转换、信息缓存、电路转接与轮询等功能。

（五）本地线路

靠近终端设备的线路，一般为低速通信线路。

（六）高速线路

集中器到通信控制处理机之间的线路，一般为高速通信线路。

二、计算机网络的拓扑结构

计算机网络的拓扑结构，是指网络中的通信线路和节点间的几何排序，即将服务器、工作站、交换机等网络单元抽象为“点”，网络中的传输介质抽象为“线”，计算机网路系统就变成了由点和线组成的几何图形，表示了通信媒介与各节点的物理结构。计算机网络的拓扑结构按通信系统的传输方式可分成点对点传输结构和广播式传输结构两大类。

（一）点对点传输结构

所谓点对点传输就是存储转发传输，这种结构的网络其拓扑结构主要有星型、环型、树型和分布式。

1. 星型结构

星型结构以中央节点为中心，并用单独的线路使中央节点与其他各节点相连，相邻节点之间的通信都要通过中心节点。主要用于分级的主从式网络，采用集中控制策略，中央节点就是控制中心。

星型网络特点：各节点通过点到点的链路与中心节点相连。

优点：易于网络的扩展，数据的安全性和优先级容易控制，中央节点不发生故障具有较高的可靠性，容易实现网络监控，故障诊断和隔离容易。

缺点：中央节点的负担较重，过分依赖中央节点形成瓶颈，一旦中心节点有故障会引起整个网络瘫痪，导致可靠性差，每个节点都需要专用电缆与中央节点相连，组网费用高，当计算机数量多且位置分散时，布线较困难。

常用的中央节点设备有集线器（HUB）、交换机（Switch）。

2. 树型结构

树型结构网络又称为多处理中心集中式网络，它是一个在分级管理基础上的集中式网络，适宜各种统计管理工作。这种类型的网络虽然有多个处理中心，但信息流主要在叶节点的计算机之间以及按树型结构上下相邻的计算机之间，最上面的计算机有统管整个网络的能力。

树型网络是星型网络与总线型网络的综合。

特点：通信线路连接简单，网络管理软件也不复杂，维护方便，资源共享能力差，可靠性低，如主机出现故障，则与该主机相连的终端均不能正常工作，即各个节点对根的依赖性太大。

3. 环型结构

在环型结构中各节点地位相等，在网络中通信设备和线路比较节省。网络中的信息流是定向的，网络传输延迟也是定向的。

特点：网络中所有的节点通过环接口由传输介质连成一个封闭的环型。

优点：电缆长度短，容易安装和监控，网络发生故障后，有自动恢复的功能，多用于通信主干网上，数据传输质量高，网络实时性好，可以使用各种介质。

缺点：容量有限、网络建成后，扩展较困难；网络可靠性不高，单个节点的故障会引起整个网络瘫痪，且出现故障诊断较困难。

4. 分布式结构

分布式结构也称网状结构，无严格的布点规定和构型，节点之间的连接是任意的，没有规律，节点间通信有多条线路可供选择，具有较高的可靠性，容错能力强，而且资源共享方便，但网络管理条件比较复杂，成本较高，常用于构造广域网络，在局域网中很少采用这种结构。若网络中两两节点间均有线相连，我们称之为全互连结构。

（二）广播式传输结构

主要有总线型信道、卫星信道和微波信道等网络结构。

1. 总线型

总线型网络特点：网络中所有的节点共享一条数据通道（总线）。为了消除信号反射，在传输介质的两端点需要安装终结器，用于吸收传送到电缆端点的信号。

总线型网络大多采用 CSMA/CD（载波监听多点接入 / 碰撞检测）协议技术，采用“共享介质”方式，每次只允许一个节点发送信息，其他节点只允许收听。

优点：结构简单，易于扩充，需要铺设的线路短、成本低，且某个节点的故障一般不会影响整个网络。

缺点：介质故障会导致网络瘫痪，安全性低，较难监控，距离有限，增加新节点也没有星型网络容易。

2. 任意型

由于卫星和微波通信采用无线电波传输，因此无所谓网络的构型，看作为一种任意型或无约束的网状结构。

三、网络的组织方法

根据节点及其相互间的作用关系，网络组织方法主要有两种形式，即对等网络和基于服务器的网络。

（一）对等网络

在对等网络中，各个节点地位是平等的，没有专用的网络服务器，每个节点互为主从关系，既可是客户机，又可是服务器。这种网络的用户数一般不多于 1 个，安全性低。

（二）基于服务器的网络

在网络中某个或某些节点被设置成专用的服务器，节点间具有一定的主从关系，主节点提供网络服务，从节点请求并得到服务。

在实际的网络中，通常把对等网络和基于服务器的网络结合起来。

第二章　数据通信基础

第一节　数据通信基本知识

一、信息、数据、信号和信道

在计算机网络中，通信的目的是为了实现两台或两台以上的计算机之间以二进制的形式进行信息传输与交换。

（一）信息

信息是对客观事物属性和特性的表征。它反映了客观事物的存在形式与运动状态，它可以是对物质的形态、大小、结构、性能等部分或全部特性的描述，也可以是物质与外部的联系。信息是字母、数字及符号的集合，其载体可以是数字、文字、语音、视频和图像等。

（二）数据

数据是指数字化的信息。在数据通信过程中，被传输的二进制代码（或者说数字化的信息）称为数据。数据是传递信息的载体，它涉及事物的表现形式。

数据与信息的区别：数据是装载信息的实体，信息则是数据的内在含义或解释。

数据有两种类型：数字数据和模拟数据，前者的值是离散的量，如电话号码、邮政编码等；而后者的值则是连续变化的量，如身高、体重等。

（三）信号

信号简单地说就是携带信息的传输介质。数据通信中信号是数据在传输过程中的电磁波的表示形式。根据信号参量取值不同，信号有两种表示形式：模拟信号（Analog Signal）与数字信号（Digital Signal）。

模拟信号一般是存在于自然界中的信号，是指用连续变化的物理量表示的信息，其信号的幅度（或频率，或相位）随时间作连续变化，如广播的声音信号、电视的图像信号、语音信号、普通电话输出的信号等。

数字信号是指表示信息的物理量的变化是离散的，其时间的取值也是离散的信号，如计算机数据、数字电话和数字电视等输出信号都是数字信号。

尽管模拟信号与数字信号存在着明显的差别，但二者之间并不存在不可逾越的鸿沟，在一定条件下它们是可以相互转换的。模拟信号可以通过采样、量化、编码等步骤转换成数字信号，而数字信号也可以通过解码、平滑等步骤转变为模拟信号。

（四）信道

信道是信息从信息的发送地传输到信息接收地的一个通路，它一般由传输介质（线路）及相应的传输设备组成。同一传输介质上可以同时存在多条信号通路，即一条传输线路上可以有多条信道。

在数据通信系统中，信道为信号的传输提供了通路，信道有多种不同的类型。

第一，按传输介质来划分，可分为有线信道和无线信道。使用有形的线路作为传输介质的信道称为有线信道，常见的有同轴电缆、双绞线、光纤等；以电磁波、红外线等方式传输信号的信道称为无线信道，常见的有红外线、无线电、微波、卫星通信等。

第二，按信号传输方向与时间关系来划分，可分为单工、半双工和全双工信道。单工信道是信号单方向传输的信道，在任何时刻不能改变信号的传输方向，如无线电广播、无线传呼机等就属于单工信道。半双工信道是指信号可以进行双向传输的信道，但某一时间只能一个方向传输，两个方向不能同时进行传输，如对讲机等。全双工信道是指信号在任何时刻可以同时进行双向传输的信道，如程控电话、计算机通信。

第三，按传输信号的类型划分，可分为模拟信道和数字信道。用来传输模拟信号的信道称为模拟信道，如果利用模拟信道传输数字信号，那么需要把数字信号调制成模拟信号。传输数字信号的信道称为数字信道，数字信道适宜于数字信号传输，失真小、误码率低、效率高，但需要解决数字信道与计算机接口的问题。

第四，按数据的传输方式划分，可分为串行信道和并行信道。串行信道是指信号在传输时只能一位一位地进行传输的信道，发送和接收双方只需要一条传输信道，但彼此之间存在着如何保持比特与字符的同步问题。并行信道是指信号在传输时一次传输多个位的信道，这些位在信道上同时传输，发送和接收双方不存在同步问题。

第五，按通信的使用方式划分，可分为专用信道和公共信道。专用信道是指连接用户设备的固定线路。在连接时可采用点对点连接，也可采用多点连接方式。公共信道是指通过交换机转接，为用户提供服务的信道，如使用程控交换机的电话交换网就属于公共信道。

二、数据通信系统

一般来说，实现通信的方式有很多，其中使用最为广泛的是电通信。光通信也是电通信的一种，即用电信号携带要传送的信息，通过各种电信道的传输，到达所需的目的地。

一个数据通信系统由三部分组成：源系统、传输系统、目的系统。

1. 源系统一般包括以下两个部分：

源点：源点产生所需要传输的数据，如文本或图像等。

发送器：通常源点生成的数据要通过发送器编码后才能够在传输系统中进行传输。

2. 传输系统包括以下两个部分：

传输信道：它一般表示向某一方向传输的介质，一条信道可以看成一条电路的逻辑部件。一条物理信道（传输介质）上可以有多条逻辑信道（采用多路复用技术）。

噪声源：包括影响通信系统的所有噪声，如脉冲噪声和随机噪声（信道噪声、发送设备噪声、接收设备噪声）。

3. 目的系统一般也包括以下两个部分：

接收器：接收传输系统传送过来的信号，并将其转换为能够被目的设备处理的信息。

终点：终点设备从接收器获取传送来的信息。终点也称为目的站。

第二节　数据传输介质

在通信过程中，计算机及网络设备之间需要传输介质来进行信息与数据的连接与传递。如果将网络中的计算机比作货站，而数据信息是汽车，那么，网络传输介质就是不可缺少的公路。网络传输介质是网络中传输数据、连接各网络站点的实体。网络信息还可以利用无线电系统、微波无线系统和红外技术等进行传输。因而，在不同的网络系统，可以选择不同的物理介质。

一般的，物理介质可大致分为有线介质（铜线和光纤）和无线介质（电波和光波）。有线介质是最常用也最简便的通信介质，一直有大量的铜线和光纤应用于电话系统中。在广域网领域，利用现成的电话系统线路进行通信传输几乎是最实际且最简便的方式，而在局域网领域，利用改进的专用线缆进行通信传输也简便易行。常见的有线介质有双绞线、同轴电缆、光纤等。

一、双绞线

双绞线（Twisted Pair）是应用最普遍的传输介质，原本用于电话系统。它由两条互相绝缘的铜线组成，将 4 对（共 8 根）双绞线封装在一个绝缘外套中，为了降低信号的干扰程度，电缆中的每一对双绞线一般是由两根绝缘的 22~26 号铜导线相互扭绕而成，每根铜导线的绝缘层上分别涂有不同的颜色，以示区别；像螺纹一样拧在一起，以减少相邻铜线之间的电气干扰，因此把它称为双绞线。

双绞线分为屏蔽双绞线（Shielded Twisted Pair，STP）和非屏蔽双绞线（Unshielded Twister Pair，UTP）。其中，STP 的内部与 UTP 相同，其外包有一层金属铝箔，以减小辐射，防止信息被窃听，抗干扰能力也较强，同时具有较高的数据传输速率（5 类 STP 在 100 m 内可达到 155 Mbit/s，而 UTP 只能达到 100 Mbit/s）。但 STP 电缆的价格相对较高，安装时要比 UTP 电缆困难，必须使用特殊的连接器，技术要求也比非屏蔽双绞线电缆高。与屏蔽双绞线相比，非屏蔽双绞线电缆外面只有一层绝缘胶皮，因而重量轻、易弯曲、易安装、组网灵活，非常适用于结构化布线，所以一般在无特殊要求的计算机网络布线中，常使用非屏蔽双绞线电缆。

非屏蔽双绞线通常使用 RJ-45 连接头和网络设备相连，RJ-45 接头与普通程控电话的 RJ-11

连接头极为相似，但二者有着重要的区别。RJ-45 体积稍大，包括有 8 条连接缆线，而 RJ-11 只有 4 条缆线。

在实际应用中，UTP 的使用率较高，一般来说如果没有特殊的需要，在应用中所指的双绞线一般是指 UPT。它主要有以下几种：

1. 3 类双绞线

3 类双绞线指在 ANSI 和 EIA/TIA568 标准中指定的双绞线电缆。该双绞线的传输频率为 16 MHz，用于语音传输及最高传输速率为 10 Mbit/s 的数据传输，主要用于 10Base-T。目前 3 类双绞线已从市场上消失。

2. 4 类双绞线

该类双绞线电缆的传输频率为 20 MHz，用于语音传输和最高传输速率 16 Mbit/s 的数据传输，主要用于基于令牌的局域网和 10 Base-T/100 Base-T。4 类双绞线在以太网布线中应用很少，以往多用于令牌网的布线，目前市面上很少见。

3. 5 类双绞线

该类双绞线电缆增加了绕线密度，外套采用一种高质量的绝缘材料，传输频率为 100 MHz，用于语音传输和最高传输速率为 100 Mbit/s 的数据传输，主要用于 100 Base-T 和 10 Base-T 网络。

4. 超 5 类双绞线

与 5 类双绞线相比，超 5 类双绞线的衰减和串扰更小，可提供更可靠的网络应用，能满足大多数应用的需求（尤其支持千兆位以太网 1000 Base-T 的布线），给网络的安装和测试带来了便利。与 5 类线缆相比，超 5 类在近端串扰、串扰总和、衰减和信噪比 4 个主要指标上都有较大的改进，目前使用较多。

5. 6 类双绞线

该类电缆的传输频率为 1~250 MHz，6 类布线系统在 200 MHz 时综合衰减串扰比（PS-ACR）应该有较大的余量，它提供 2 倍于超 5 类的带宽。6 类布线的传输性能远远高于超 5 类标准，是超 5 类线带宽的 2 倍，最大传输速率可达到 1000Mbit/s，能满足千兆位以太网需求。

6 类与超 5 类双绞线的一个重要的不同点在于：改善了在串扰以及回波损耗方面的性能，对于新一代全双工的高速网络应用而言，优良的回波损耗性能是极重要的。6 类标准中取消了基本链路模型，布线标准采用星状拓扑结构，要求的布线距离为：永久链路的长度不能超过 90m，信道长度不能超过 100m。

6. 超 6 类线

超 6 类线是 6 类线的改进版，同样是 ANSI/EIA/T1A-568B.2 和 ISO 6 类 /E 级标准中规定的一种非屏蔽双绞线电缆，主要应用于千兆位网络中。在传输频率方面与 6 类线一样，也是 200~250 MHz，最大传输速率也可达到 1000Mbit/s，在串扰、衰减和信噪比等方面有较大改善。

7.7类线

7类线是ISO 7类压级标准中最新的一种双绞线，它主要为了适应万兆位以太网技术的应用和发展。但它不再是一种非屏蔽双绞线，而是一种屏蔽双绞线，所以它的传输频率至少可达500 MHz，是6类线和超6类线的2倍以上，传输速率可达10 Gbit/s。

二、同轴电缆

同轴电缆（Coaxial Cable）在20世纪80年代初的局域网中使用最为广泛。因为那时集线器的价格很高，在一般中小型网络中几乎看不到。所以，同轴电缆作为一种廉价的解决方案，得到广泛应用。同轴电缆以硬铜线为缆芯，外包一层绝缘材料，然后缠绕一层细密的网状导体，最后覆盖一层保护性材料，由于这两个导体是同轴线的，所为称为同轴电缆，外导体能屏蔽外界的电磁场对内导体信号的干扰。同轴电缆与双绞线相比，抗干扰能力强，所以常用于设备与设备之间的连接，或用于总线网络拓扑中。

在网络中，同轴电缆适合传输速率10 Mbit/s的数字信号，但具有比双绞线更高的传输带宽。然而，最近几年来，随着以双绞线和光纤为基础的标准化布线的推广，同轴电缆不能超长距离传输等缺点，同轴电缆已逐渐退出布线市场，但仍广泛应用于有线电视和某些对数据通信速率要求不高、连接设备不多的一些家庭和小型办公室用户。

（一）按直径的不同，可分为粗缆和细缆两种

粗缆的传输距离长，性能好但成本高、网络安装、维护困难，一般用于大型局域网的干线，连接时两端需终接器（50Ω 的电阻器）。

细缆可与BNC网卡相连，两端装50 Ω 的终端电阻。用T型头，T型头之间最小0.5 m。细缆网络每段干线长度最大为185m，每段干线最多接入30个用户。如采用4个中继器连接5个网段，网络最大距离可达925 m。

细缆安装较容易，造价较低，但日常维护不方便，一旦网络中的任何一个用户出故障，便会影响其他用户的正常工作。

（二）根据传输频带的不同，可分为基带同轴电缆和宽带同轴电缆两种类型

基带：通常用来传输数字信号，信号占整个信道，同一时间内能传送一种信号。

（三）按阻抗不同，可分为下列几种

1.RG-8或RG-11，50Ω

2.RG-58，50Ω

3.RG-59，75Ω

4.RG-62，93Ω

同轴电缆线最常用的是RG-8以太网粗缆和RG-58以太网细缆。而RG-62是ARCnet网络及IBM 3270网络使用的，RG-59常用于电视系统电缆。

RG-8、RG-58其阻抗为5Ω 电缆，用于数字传输，由于多用于基带传输，又称基带同轴电缆。

RG-59 是 75Ω 电缆，用于模拟传输，即宽带同轴电缆，如闭路电视系统中。这种区别是由于历史原因，而不是由于技术原因或生产厂家造成的。

RG-8、RG-58 的同轴电缆用于早期以太网的组建，这种基带电缆分为粗缆和细缆，即以太网标准里的 10Base5 和 10Base2，粗缆通过收发器及收发器电缆和系统相连，而细缆则通过 BNCT 型接头和系统相连。

RG-59 的同轴电缆常用于有线电视，这种电缆也被称为宽带电缆，可在 300~450 MHz 的带宽上传输模拟信号近 100km。在经过数字信号和模拟信号的转换后，宽带网络也可传输数字信号，并达到 300Mbit/s 或更高的传输速率。由于在城市中有线电视网络极高的覆盖率，宽带电缆将广泛用于城域网（MAN）和广域网（WAN）的接入。

三、光纤

光纤（Fiber）即光导纤维，是一种细小、柔韧并能传输光信号的介质，一根光缆中包含有多条光纤。20 世纪 80 年代初期，光缆开始进入网络布线领域。与铜质介质相比，光纤具有一些明显的优势。因为光纤不会向外界辐射电子信号，所以使用光纤介质的网络无论是在安全性、可靠性，还是网络性能方面都有了很大的提高。

（一）光纤的通信

光纤通信的主要组成部件有光发送机、光接收机和光纤，在进行长距离信息传输时还需要中继器。通信中，由光发送机产生光束，将表示数字代码的电信号转换成光信号，并将光信号导入光纤，光信号在光纤中传播，在另一端由光接收机负责接收光纤上传出的光信号，并进一步将其还原成为发送前的电信号。为了防止长距离传输而引起的光能衰减，在大容量、远距离的光纤通信中每隔一定的距离需设置一个中继器。在实际应用中，光缆的两端都应安装有光纤收发器，光纤收发器集成了光发送机和光接收机的功能，既负责光的发送也负责光的接收。

（二）光纤的结构

光纤和同轴电缆外形相似只是没有网状屏蔽层，光纤由纤芯、封套及外套组成，纤芯由玻璃或塑料组成，封套是玻璃的，使光信号可以反射回去，沿着光纤进行传输，外套则由塑料组成，用于防止外界的伤害和干扰。光纤在一个高折射率的纤芯外面，用低折射率的封套包裹起来，再加上一个保护性外套，当光从高折射率的纤芯射向低折射率的封套时，如果入射角度达到一定的临界值，就能形成全反射，而只在纤芯内传播。通常把多条光纤扎成束，再加上外壳，构成光缆。

根据传输点模数的不同，光纤分为单模光纤（Single-Mode Fiber）和多模光纤（Multi-Mode Fiber）两种（“模”是指以一定角速度进入光纤的一束光）。单模光纤采用激光二极管（LD）作为光源，而多模光纤采用发光二极管（LED）为光源。

在多模光纤中，芯的直径是 15~50 μm，大致与人的头发粗细相当。光以多重路径传输，以发光二极管或激光器为光源。其传输速率低、距离较短（一般为 2 km 以内），整体的传输性能差，但成本低，一般用于建筑物内或地理位置相邻的环境中。

单模光纤的外形与多模光纤相同，只是纤芯更细，一般直径为8~10pm，光以单一路径传输，以激光器为光源。其传输频带宽、容量大、传输距离长（2km以上），但需激光源，成本较高，通常在建筑物之间或地域分散的环境中使用。单模光纤是当前计算机网络中研究和应用的重点。

单模光纤比多模光纤的传输容量大，而且价格比多模光纤昂贵。陆地上的光纤通常埋在地下1m处。在靠近海岸的地方，跨越海洋光纤外壳被埋在沟里，在海中，它们处于海的底部。

（三）光纤通信的特点

与铜质电缆相比较，光纤通信具有其他传输介质无法比拟的优点。

第一，传输信号的频带宽，通信容量大；信号衰减小，传输距离长；抗干扰能力强，应用范围广。

第二，光纤有着非常高的数据传输速率（Gbit/s）和极低的误码率（$1O^{-10}$）。

第三，原材料资源丰富。

第四，抗化学腐蚀能力强，适用于一些特殊环境下的布线。

四、无线介质

所有使用金属导体或光导纤维的通信方式都有一个共同点：通信设备必须物理地连接起来。对很多应用来说，物理连接是足以胜任的，比如把办公室里的PC连接起来，或是把它们连接到同一栋大楼的主机上等。距离短时是可以接受的，但距离远时，费用将很高，而且难以维护。在许多情况下，物理的连接是不实际的，甚至是不可能的。这可以使用无线通信，采用无线介质。

无线介质可以不使用电或光导体进行电磁信号的传递工作。从理论上讲，地球上的大气层为大部分无线传输提供了物理数据通路。由于各种各样的电磁波都可用来传输信号，所以电磁波就被认为是一种介质。

（一）无线电频率

电磁波频谱10kHz~1GHz之间为无线电频率，它包含的广播频道被称为：短波无线频带；甚高频（VHF）电视及调频无线电频带，超高频（UHF）无线电及电视频带。

无线电频率按管制带宽和非管制带宽划分：

管制带宽的用户必须从无线电管理部门得到许可证才能使用。对无线电管理部门（如美国的FCC、加拿大的CDC等）有权管理的频率区域，用户一旦得到使用许可，即可保证能在这一特定区域内得到良好的传输效果。

在美国，FCC将902~928MHz，2.4GHz、5.72GHz至5.82GHz分给无照者使用。国际上一般也不对2.4GHz进行管制，这些不受管制的频率，由于没有限制而被充分利用。对非管制的频率竞争情况迅速增长，目前对900 MHz使用的最多，而2.4 GHz的发展最快。

无线电波可以通过各种传输天线产生全方位广播或有向发射。典型的天线包括方向塔、缠绕天线、半波偶极天线以及杆型天线。

天线的发射器决定了频率和无线信号的功率。发送站和接收站使用适合系统要求的频率范围，全球系统使用短波，当地视频系统内使用 VHF 进行传播信号。常见有下列几种：

第一，低功率、单频率无线电仅适用于短距离、开放式环境中。尽管低频相对长的波长可在大多数材料上通过，但是低功率的特性限制了这种系统只能在短距离或者是无障碍的通路上传输。低功率、低频不能保持高的传输速率，它的标准传输速率是 1Mbit/s。单频系统可以提供与铜线相近的传输速率，然而它的衰减率较大，抗电磁干扰的能力也非常小，因而它一般的有效距离仅为几十米。

第二，大功率、单频率无线电也可以在整个无线电频率范围使用，同小功率、单频率无线电的差别是主要用于长距离户外环境。大功率决定了信号通路的灵活性，目前它已成为理想的移动式传输手段。它的传输速率可达 10Mbit/s，但所需费用是相当昂贵的。

第三，扩展频谱无线电的传播，同样依赖于频率，但它是同时采用多种频率的方式。目前 AT&T 公司的 WaveLAN 和 Windata FreePort 的无线网络均采用此技术。

（二）微波

微波通信是无线数据通信的主要方式，由于微波可以穿透电离层进入宇宙空间，所以微波通信不能像无线电一样靠电离层反射来进行传播，只能靠微波接力或是卫星转播的方式进行微波接力，由于地球表面是球面的，因而微波在地球表面直线传播距离有限，一般在 50km 左右，要实现远距离传播，必须在两个通信终端间建立若干中继站。中继站在收到前一站信号后经放大再发送到下一站，如此接续下去。

微波数据通信系统主要分为地面系统与卫星系统两种。尽管它们使用同样的频率，又非常相似，但能力上有较大的差别。

第一，地面微波一般采用定向抛物面天线，这要求发送方与接收方之间的通路没有大障碍或视线能及。地面微波信号一般在低 GHz 频率范围。由于微波连接不需要电缆，所以它比起基于电缆方式的连接，较适合跨越荒凉或难以通过的地段。一般它经常用于连接两个分开的建筑物或在建筑群中构成一个完整网络。

地面微波系统的频率一般为 4GHz~6GHz 或 21GHz~23GHz。对于几百米的短距离系统较为便宜，甚至采用小型天线进行高频传输即可，超过几千米的系统价格则要相对贵一些。

微波数据系统无论大小，它的安装都比较困难，需要良好的定位，并要申请许可证。传输速率一般取决于频率，小的 1Mbit/s~10Mbit/s。衰减程度随信号频率和天线尺寸而变化。对于高频系统，远距离会因雨天或雾天而增大衰减；近距离对天气的变化不会有什么影响。无论近距离、远距离，微波对外界干扰都非常灵敏。

第二，卫星微波一般利用地面上的定向抛物天线，将视线指向地球同频卫星。卫星微波传输跨越陆地或海洋。所需要的时间与费用，与只传输几千米没有什么差别。由于信号传输的距离相当远，所以会有一段传播延迟。这段传播延迟时间为 500ms。

卫星微波也常使用低吉赫兹（GHz）频率，一般在 11GHz~14GHz 之间，它的设备费用相当昂贵，但是对于超长距离通信时，它的安装费用则比电缆安装低。由于涉及卫星这样现代空间技术，它的安装要复杂得多。地球站的安装要简单一些。对于单频数据传输来讲，传输速率一般小于 1~10 MHz。同地面微波一样，高频微波会由于雨天或大雾，使衰减增加较大，抗电磁干扰性也较差。

（三）红外系统

还有一种无线传输介质是建立在红外线基础之上的。红外系统采用发光二极管（LED）、注入型激光二极管（ILD）来进行站与站之间的数据交换。红外设备发出的光非常纯净一般只包含电磁波或小范围电磁频谱中的光子。传输信号可以直接或经过墙面、天花板反射后，被接收装置收到。

红外信号没有能力穿透墙壁和一些其他固体，每一次反射都要衰减一半左右，同时红外线也容易被强光源给盖住。红外波的高频特性可以支持高速度的数据传输，它一般可分为点到点与广播式两类。

1. 点到点红外系统

家用电器的遥控器就是点到点红外系统一个典型的例子，红外传输器使用光频（大约100GHz~1000THz）的最低部分。除高质量的大功率激光器较贵以外，一般用于数据传输的红外装置都非常便宜，然而它的安装必须精确到绝对点对点。目前它的传输速率一般为几千比特 / 秒，根据发射光的强度、纯度和大气情况，衰减有较大的变化，一般距离为几米到几千米不等。聚焦传输具有极强的抗干扰性。

2. 广播式红外系统

广播式红外系统是把集中的光束，以广播或扩散方式向四周散发。这种方法也常用于遥控和其他一些消费类的设备上。利用这种设备，一个收发设备可以与多个设备同时通信。

第三节　数据传输方式

一、模拟传输与数字传输

模拟通信系统通常有信源、调制器、信道、信宿与噪声源组成，信道上传输的信号是模拟信号。信源是信息产生的发源地，所产生的模拟信号一般要经过调幅、调频、调相等调制方式再通过信道进行传输。

数字通信系统的组成与模拟通信系统相比，增加了信源编码器对模拟信号进行采样、量化和编码，使其变成数字信号，然后经过信道编码器进行逆过程，用于实现信道的编码，以降低信号的误码率，再经过调制器将其基带信号调制成宽带信号再进行传输。在信道上传输的信号是数字信号。

数字通信系统与模拟通信系统相比有很多的优点：

（一）抗干扰能力强、无噪声积累

在模拟通信中，为了提高信噪比，需要在信号传输过程中及时对衰减的传输信号进行放大，信号在传输过程中，不可避免地叠加上的噪声也被同时放大。随着传输距离的增加，噪声累积越来越多，以致使传输质量严重恶化。

而对于数字通信，由于数字信号的幅值为有限个离散值（通常取两个幅值），在传输过程中虽然也受到噪声的干扰，但当信噪比恶化到一定程度时，即在适当的距离采用判决再生的方法，再生成没有噪声干扰的和原发送端一样的数字信号，所以可实现长距离高质量的传输。

（二）便于加密处理

信息传输的安全性和保密性越来越重要，数字通信的加密处理比模拟通信容易得多，以语音信号为例，经过数字变换后的信号可用简单的数字逻辑运算进行加密、解密处理。

（三）便于存储、处理和交换

数字通信的信号形式和计算机所用信号一致，都是二进制代码，因此便于与计算机联网，也便于用计算机对数字信号进行存储、处理和交换，可使通信网络的管理、维护实现自动化、智能化。

（四）设备便于集成化、微型化

数字通信采用时分多路复用，不需要体积较大的滤波器。设备中大部分电路是数字电路，可用大规模和超大规模集成电路实现，因此体积小、功耗低。

（五）便于构成综合数字网和综合业务数字网

采用数字传输方式，可以通过程控数字交换设备进行数字交换，以实现传输和交换的综合。另外，电话业务和各种非话业务都可以实现数字化，构成综合业务数字网。

当然，数字通信系统也存在着占用信道频带较宽等缺点。一路模拟电话的频带为 4 kHz 带宽，一路数字电话约占 64 kHz，这是模拟通信目前仍有生命力的主要原因。但随着宽频带信道（光缆、数字微波）的大量利用（一对光缆可开通几千路电话）以及数字信号处理技术的发展（可将一路数字电话的数码率由 64 kbit/s 压缩到 32 kbit/s 甚至更低的数码率），数字电话的带宽问题已不再是主要问题。

综上所述，数字通信具有很多优点，所以各国都在积极发展数字通信。近年来，我国数字通信得到迅速发展，正朝着高速化、智能化、宽带化和综合化方向迈进。

二、串行通信与并行通信

数据在信道上传输时，按使用信道的多少来划分，可以分为串行方式和并行方式，串行传输是指把要传输的数据编成数据流，在一条串行信道上进行传输，一次只传输一位二进制数，接收方再把数据流转换成数据。在串行传输方式下，只有解决同步问题，才能保证接收方正确地接收信息。串行传输的优点是只占用一条信道，易于实现，利用较为广泛。

并行传输是指数据以组为单位在各个并行信道上同时进行传输。例如，把构成一个字符的代码的几位二进制数码同时在几个并行信道上进行传输，用 8 个信道进行并行传输。接收双方不需要增加“起止”等同步信号，并行传输通信效率较高，但是因为并行传输的信道实施不便利，一般较少使用。

三、数据传输方向

按数据在信道上传输方向与时间的关系，可以把数据通信方式分为单工通信、半双工通信和全双工通信。

单工传输使用单工信道，数据在任何时间只能在一个方向上传输，单工通信的设备相对比较便宜。因为它只要有一个发射器或接收器。现在无线电广播和电视广播都是单工传输方式的例子。

半双工传输是指利用半双工信道进行传输，通信双方可轮流发送或接收信息，即在一段时间内信道的全部带宽只能向一个方向传输信息。航空无线电台、对讲机等都是以半双工传输方式通信的。半双工通信由于要求通信双方都必须有发送器和接收器，因此比单工通信设备昂贵。但由于此种方式只需采用一个信道进行数据传输，所以要比全双工设备便宜，半双工传输方式在局域网中得到了广泛的使用。

全双工传输方式要使用全双工信道，它是一种可在两个方向同时传输的通信方式。电话通信是全双工通信的典型例子。全双工通信不但要求通信双方都有发送和接收的设备，而且要求信道能提供双向传输的双向带宽，它相当于把两条相反方向的单工通信信道组合在一起，所以全双工通信设备更昂贵。

全双工和半双工相比，效率更高，但结构复杂，实现成本较高。

四、同步传输与异步传输

按照通信双方协调方式的不同，数据传输方式可分为异步传输和同步传输两种方式。

数据在传输线路上传输时，为保证发送端发送的信息能够被接收端正确无误地接收，就要求接收端要按照发送端所发送的每个码元的起止时间和重复频率来接收数据，即收发双方在时间上必须取得一致，否则即使微小的误差也会随着时间的增加而逐渐地积累起来，最终造成传输的数据出错。为保证数据在传输途中的完整，接收和发送双方须采用“同步”技术，该技术包含异步传输和同步传输两种。

异步传输方式又称为起止时间同步方式。它以字符为单位进行传输，在发送每一个字符代码时，前面均要加上一个“起始”位，表示开始传输，然后才开始传输该字符的代码，后面一般还要加上一个码元的校验来确保传输正确，最后还要加上 1 位、15 位或 2 位的“停止”位，以保证能区分开传输过来的字符。“起始”信号是低电平，“停止”信号是高电平。发送端发送数据前，一直输出高电平，“起始”信号的下跳沿就是接收端的同步参考信号，接收端利用这个变化，启动定时机构，按发送的速率顺序地接收字符，待发送字符结束时，发送端又使传输线处于高电平状态，等待发送下一个字符，其中 DCE 为数据通信设备。

在异步传输方式中，收发双方虽然有各自的时钟，但它们的频率必须一致，并且每个字符都要同步一次，因此在接收一个字符期间不会发生失步，从而保证了数据传输的正确性。

异步传输的优点是实现方法简单、收发双方不需要严格的同步，缺点是每一个字符都要加入“起”“止”等位，从而传输速率不会很高，开销比较大，效率低，适用于1200bit/s及其以下的低速数据传输。

一种效率比异步传输方式要高的是同步传输方式。它要求接收和发送双方有相同的时钟，以便知道是何时接收每一个字符的。该方式又可细分为字符同步方式和位同步方式。字符同步要求接收和发送双方以一个字符为通信的基本单位，通信的双方将需要发送的字符连续发送，并在这个字符块的前后各加一个事先约定个数的特殊控制字符（称之为同步字符），同步字符表示传输字符的开始，其后的字符中不需要任何附加位，在接收端检测出约定个数的同步字符后，后续的就是被要求传输的字符，直到同步字符指出被传字符结束。如果接收的字符中含有与同步字符相同的字符时，则需要采用位插入技术。

位同步（Bit Synchronous）是使接收端接收的每一位数据信息都要和发送端准确地保持同步，通信的基本单位是位，即比特。数据块以位流（比特流）传输，在发送的位流前后给出相同的同步标志。如果有效的位流中含有与同步标志相同的情况，仍需采用位插入技术。

目前，位同步传输方式正在代替字符同步方式，在以太网中采用的正是位同步方式。

比较异步传输和同步传输可知：异步传输时，每一个字符连同它的起始位和停止位是一个独立的单位，一个字符同步一次。同步传输时，整个字符组或位流被同步字符标志后作为一个单位进行传输。从效率上看，同步传输方式的效率要比异步传输方式高，因为同步方式传输的控制位较少，而异步方式则在每个字符中都附加2~3位控制位。同步传输的优点是适合于大的数据块的传输，这种方法开销小、效率高；缺点是控制比较复杂，如果传输中出现错误时，只影响异步方式中的一个字符，而在同步方式中，就会影响整个字符块的正确性。

五、基带传输与频带传输

按照在传输线路中数据是否经过了调制变形处理再进行传输的区别，数据传输可分为基带传输、频带传输和宽带传输。

（一）基带传输

所谓基带传输，就是在数字通信信道上直接传送数据的基带信号。在计算机等数字设备中，一般的电信号形式为方波，分别用高电平或低电平来表示“1”或“0”。人们把方波固有的频带称为基带。方波电信号称为基带信号，在信道上直接传输未经调制的信号称为基带传输，基带传输所使用的信道称基带信道。基带传输时，信息在发送端由编码器转换成直接传输的数字基带信号，传输到接收端，然后由接收端的译码器进行解码，恢复成发送端原来发送的数据。基带传输是最简单、最基本的传输方式。由于线路中分布电容和分布电感的影响，基带信号容易发生畸变，因而基带传输的距离不能很远。例如，在Ethernet网络，当传输距离为1km时，速率可达10Mbit/s，这时具有很高的性能价格比，但它的最远传输距离约25km。然而，基带传输在基本不改变数字数据信号频带（即波形）情况下直接传输数字信号，可以达到很高的数据传输速率，是目前积极发展与广泛应用的数据通信技术。

（二）频带传输

在计算机远程通信中，一般都采用电话线，而这种线路是按传输模拟的音频信号设计的，不适合直接传输基带信号。为了解决这一问题，就必须把数字信号转换成适合在模拟信道上传输的信号。目前常采用的手段就是对信号进行调制，即使用基带数字信号对一个模拟信号的某些特征参数（如振幅、频率、相位等）进行控制，使模拟信号的这些参数随基带脉冲一起变化，然后把已调制的模拟信号通过线路发送给接收端，接收端再对信号进行解调，从而得到原始信号。在采用频带传输方式时，要求在发送端安装调制器，接收端安装解调器。在全双工通信中，则要求在收发两站都安装调制解调器 Modem。利用频带传输不仅可以解决利用电话系统传输数字依赖的问题，而且可以实现多路复用，以提高传输信道的利用率。

（三）宽带传输

宽带传输就是通过多路复用的方法把较宽的传输介质的带宽（一般在 300~400MHz 左右）分割成几个子信道来达到同时传播声音、图像和数据等多种信息的传输模式。因此，可利用宽带传输系统来实现声音、文字和图像的一体化传输。常见的宽带同轴电缆是用来传输共用电视节目的，当它用来传输数字信号时，需要利用射频解调器把数字信号变换成几十兆赫兹到几百兆赫兹的模拟信号。

第四节 数据编码技术

一、数字信号模拟化时的编码方式

数字信号模拟化时采用的方法是对信号进行调制（Modulation），即使用数字信号对一个模拟信号的某些特征（如频率、振幅、相位等）进行控制，使模拟信号的这些参数随着数字信号的变化而改变，这一过程也称为载波。调制的信号通过线路发送到接收端，接收端再把数字信号从模拟信号中分离出来，恢复原来的信号，这一过程称为解调（Demodulation）。负责调制的设备称为调制器，负责解调的设备称为解调器，同时既有调制功能，又有解调功能的设备，称为调制解调器（Modem）。调制解调器是数据终端与信道之间的接口，是计算机网络中的一种常用设备。在发送端它产生正弦模拟载波信号，对计算机产生的数字信号进行调制后发送。在接收端，它对接收的调制信号进行解调，把数字信号从正弦模拟载波信号中分离出来，传送给接收端的计算机。

调制解调器按速度可分为 28.8kbit/s、33.6bit/s、56kbit/s 几种，按连接方式可分为内置式和外置式及 PCMIA 卡式。正弦波可用 ASMa+40 来表示，要使振幅 A、频率 ω 和相位随着数字信号的变化而变化，就需要对载波进行调制，常用的调制方法有三种，即振幅调制、频率调制和相位调制。

（一）振幅调制（调幅）

在振幅调制中，频率和相位都是常数，只有振幅是变量，它随着数字信号的变化而改变。当数字信号为 1 时，让振幅 A 恢复正常，而当数字信号为 0 时，让振幅 A 变为 0，即用正弦波振幅的变化来表示二进制数据。调幅技术实现起来简单，但抗干扰性差。

（二）频率调制（调频）

频率调制是使载波信号的频率随数字信号的变化而变化。在此种调制方式中，振幅、相位为常量，而频率为变量，每一种频率代表一种码元。在二码元制中，数字信号“0”和“1”分别用两种不同频率的波形表示。

频率调制实现起来简单，而且抗杂音、抗失真和抗电平变化的能力较强，既可用于同步传输，又可用于异步传输，因此在数据传输中得到了较广泛的应用，特别适合于低成本、低速率的数据传输。它的缺点是带宽利用率低。

（三）相位调制（调相）

利用数字信号来控制载波的相位，使其随着数字信号的改变而改变。在这种调制方式中，振幅、频率为常量，相位为变量，每一种相位代表一种码元。在二码元制中，信号“0”和“1”分别用不同相位的波形表示。

相位调制又有两种基本形式，即绝对调相与相对调相。下面以二码元制为例来说明：绝对调相中，数字信号“0”和“1”的载波信号表示相位不同，0 表示数字“0”，4=π 表示数字“1”，或者反之。

相对调相中，当传输数字“1”时，则相位相对于前一码元的相位移动，当传输数字“0”时，相位保持不变，反之亦可。为了提高速度，还有多相调制，如四相制中相位角有 4 种变化，分别表示 00，01，10，110 相位调制抗噪声干扰和抗衰减较强，占用带宽较窄，因而在实际应用中，使用比较广泛。它的缺点是实现稍微复杂。

二、模拟信号数字化时的编码方式

由于数字通信具有抗干扰能力强、数字信息易于加密且保密性强等特点，同时数字传输可以开发新的通信业务，所以也常把模拟数据通过数字信道传输。在发送端，模拟信号经过编码译码器（Coder-Decoder，缩写为 Codec）的作用，可以转换成数字信号，接收端再经过 Codec 的作用，把数字信号复原成模拟信号。脉冲编码调制（PCM）就是进行数字化时常采用的技术。

脉冲编码调制的操作过程分为采样、量化和编码三部分。

（一）采样

采样是在一定的时间间隔 T，取模拟信号的瞬间值为样本，这一系列连续的样本，用来代表模拟信号在某一区间随时间变化的值。

在采样过程中，必须满足采样定理。所谓采样定理是指在一个连续变化的模拟信号，如果它的最高频率或带宽 F_{max}，对它以 T 为周期进行周期采样，刚采样的频率为 F=1/T，若能满足 F=1/

$T \geqslant 2F_{max}$，即采样频率大于或等于模拟信号最高频率的 2 倍，那么采样后的离散序列就能无失真地恢复出原始的连续模拟信号。

（二）量化

量化是对采样后得到的连续值进行判断，决定这个值是属于哪一量级，并将幅值按量化级取整转化为离散的值。经量化后的个数即量化的等级，如 8 级、16 级，以及更多的量化等级，它决定了量化的精度，量化级越大，量化精度越高。反之，量化精度越低。

（三）编码

编码是指用一定位数的二进制代码表示量化等级，并把编码以脉冲的形式送往信道传输。例如，可用 3 位、4 位二进制代码分别表示 8 级和 16 级量化后的样本值，并将模拟信号转换成对应的二进制代码，这样，模拟信号就转化成了数字信号。

采样的频率由模拟信号的最高频率决定，而采样的精度由量化等级的多少决定，如把声音模拟信号采用脉冲编码调制方式数字化时，由于一般电话中语音的最高频率是 4kHz，所以采样频率是 8 kHz，采样值量化为 256 级，需用 8 位二进制数字编码，转换成数字脉冲后进行传输，在接收端将收到的数字脉冲进行反变换，复原为声音，这就是数字电话。PCM（脉冲编码调制）采用二进制编码的缺点是使用二进制位数较多，编码效率低，每一路 PCM 数字电话需要 8 × 8kbit/s =64kbit/s，它所占的频带比用模拟信道传输所占的频带宽得多。PCM 技术还可用于图形与图像的数字化与传输处理。

三、数字数据编码

对于数字信号的基带传输，二进制数字在传输过程中可以采用不同的编码方式，各种编码方式的抗干扰能力和定时能力各不相同，常见的数字数据编码方案有非归零编码、曼彻斯特编码及微分曼彻斯特编码。

（一）非归零编码 NRZ

非归零编码（None Return）的表示方法有多种，但通常用负电平表示“0”，正电平表示“1”。NRZ 的缺点在于它不是自定时的，这就要求另有一个信道同时传输同步时钟信号，否则无法判断一位的开始与结束，导致收发双方不能保持同步。并且当信号中“1”与“0”的个数不相等时，存在直流分量，这是数据传输中所不希望的。它的优点是实现简单，成本较低。

（二）曼彻斯特编码

曼彻斯特编码（Manchester）是目前应用最广泛的双相码之一，此编码在每个二进制位中间都有跳变，由高电平跳到低电平时，代表“1”，由低电平跳到高电平时，代表“0”，此跳变可以作为本地时钟，也可供系统同步之用。曼彻斯特编码常用在以太网中，其优点是自含时钟，无须另发同步信号，并且曼彻斯特编码信号不含直流分量。它的缺点是编码效率较低。

（三）微分曼彻斯特编码

微分曼彻斯特编码（DiEbrence Manchester）也叫差分曼彻斯特编码，它是在曼彻斯特编码的基础之上改进而形成的。它也是一种双相码，与曼彻斯特编码不同的是，这种编码的码元中间的电平转换只作为定时信号，而不表示数据。码元的值根据其开始时是否有电平转换，有电平转换表示“0”，无电平转换表示“1”。微分曼彻斯特编码常用在令牌网中。

第五节 多路复用技术

在实际工程施工中，由于通信线路的铺设费用很高，并且在一般情况下，传输介质的传输容量都大于传输信号所需容量，所以为了充分利用信道容量，就可以在同一传输介质上“同时”传输多个不同的信息，这就是多路复用技术。也就是在一条物理线路上建立多条通信信道的技术。在多路复用技术的各种方案中，被传送的各路信号，分别由不同的信号源产生，信号之间必须互不影响。由此可见，多路复用技术是一种提高通信介质利用率、充分利用现有介质，减少新建项目投资的方法。

多路复用技术的实质是共享物理信道，更加有效、合理地利用通信线路。在工作时，首先将一个区域的多个用户信息，通过多路复用器（MUX）汇集到一起；然后，将汇集起来的信息群通过一条物理线路传送到接收设备；最后，接收设备端的 MUX 将信息群分离成单个的信息，并将其一一发送给多个用户。这样，就可以利用一对多路复用器和一条通信线路，来代替多套发送和接收设备与多条通信线路。

常见的多路复用技术的有三类：频分多路复用（FDM）、时分多路复用（TDM）、波分多路复用（WDM），其他常见的复用技术还有空分复用（SDM）、动态时分多中复用等。

频分多路复用较适合用于模拟通信，如载波通信，时分多路复用较适合用于数字通信，如 PCM 通信。

一、频分多路复用

实际通信中，传输介质物理的“可用的带宽”要远大于单个给定信号的带宽。频分多路复用（FDM）技术就是利用了这一特点。

采用频分多路复用技术时，将信道按频率划分为多个子信道，每个信道可以传送一路信号。FDM 将其有较大带宽的线路带宽划分为若干个频率范围，每个频带之间应当留出适当的频率范围，作为保护频带，以减少各段信号的相互干扰。

实际应用时，FDM 技术通过调制技术将多路信号分别调制到各自不同的正弦载波频率上，并在各自的频段范围内进行传输。首先，6 路带宽可以分别用来传输数据、语音和图像等不同信息，因此，需要将它们分配到不同的频率段 f_1~f_6 中。在发送时，分别将它们调制到各自频段的中心载波频率上，然后，在各自的信道中被传送至接收端，由解调器恢复成原来的波形，为了防止相互干扰，各信道之间由保护频带隔开。

这种技术适用于宽带局域网中。其中，专用于信号的频率段称为该信道的逻辑信道。因此，

FDM 频带越宽，则在频带宽度内所能分的信道就越多。

FDM 技术是公用电话网中传输语音信息时常用的电话线复用技术，它也常被用在宽带计算机网络中。例如，载波电话通信系统就是频分多路复用技术应用的典型，一般来说一个标准的话路的频率范围是 300Hz~3.4kHz，但由于话路之间应有的一些频率间隙，因此国际标准中取 4kHz 为一个标准话路所占的频带宽度，而同轴电缆、双绞线和微波等信道允许的带宽则远远大于 4kHz。因此采用频分多路复用技术时，可以使同时通话的路数大为提高。如果采用光缆作为传输介质时，可同时传输上千路电话和数十路电视信号。

CCIT 对频分多路复用信道群体系规定了标准。一个基群信道（基群）包含有 12 路音频信道；一个超群是由 5 个基群组成，共 60 路音频信道；一个主群由 5 个超群组成，包含有 300 路音频信道。

二、时分多路复用

如果信道允许的传输速率大大超过每路信号需要的传输速率，就可以采用时分多路复用（TDM）技术。首先，把每路信号都调整到比需要的传输速率高的速率上，这样每路信号就可以按较高的速率进行传输。传输时，每单位时间内多余的时间就可以用来传输其他几路的信号。

在 TDM 的工作中，首先，将各路传输信号按时间进行分割，即将每个单位传输时间划分为许多时间片（时隙）；接着，将每路信号使用其中之一进行传输，我们将多个时隙组成的帧称为时分复用帧。这样，就可以使多路输入信号在不同的时隙内轮流、交替地使用物理信道进行传输。注意，TDM 不像 FDM 那样同时传送多路信号，而用每个时分复用帧的某一固定序号的时隙组成一个子信道；但是每个子信道占用的带宽都是一样的（通信介质的全部可用带宽）；每个时分复用帧所占用的时间也是相同的。

由于在 TDM 中，每路信号可以使用信道的全部可用带宽，因此，时分多路复用技术更加适用于传递占用信道带宽较宽的数字基带信号，所以 TDM 技术常用于基带局域网中。

三、波分多路复用技术

目前，光纤的应用越来越普遍，由于光纤的铺设和施工的费用都很高，因此波分多路复用技术（WDM）的研究与应用必将有着光明的前景和广泛的社会应用价值。因而，对于使用光纤通道网络来说，波分多路复用技术是其适用的多路复用技术。

实际上，波分多路复用技术，所用的技术原理与前面介绍的频分多路复用技术大致相同。通过光纤 1 和光纤 2 传输的两束光束的频率是不同的，它们的波长分别为 W_1 和 W_2，当这两束光进入光栅（或棱镜）后，经处理、光合成以后，就可以使用一条共享光纤进行传输；合成光束到达目的地后，经过接收方光栅的处理，重新分离为两束光，并通过光纤 3 和光纤 4 传送给用户。波分多路复用系统中，由光纤 1 进入的光波信号传送到光纤 3，而从光纤 2 进入的光波信号被传送到光纤 4。

综上所述，WDM 与 FDM 所用的技术原理是一样的，只要每个信道使用的频率（即波长）范围各不相同，它们就可以使用波分多路复用技术，通过一条共享光纤进行远距离的传输。与电信号使用的 FDM 技术不同的是，在 WDM 技术中，是利用光学系统中的衍射光栅，来实现多路不同频率光波信号的合成与分解。

第六节 差错控制方法

通信系统不可能是完美无缺的，不能避免差错的出现，所谓差错就是在数据通信中，接收端接收到的数据与发送端实际发送的数据出现不一致的现象。差错包括：数据传输过程中位的丢失；发出的位值为“0”，而接收到的位值为“1”，即发出位值与接收到的位值不一致。

传输差错是指数据通过信道的传输后，接收方收到的数据与发送方不一致的现象，简称为差错。通信系统差错的产生是不可避免的，差错产生的过程。当数据信号从发送端出发，经过通信信道时，由于通信信道中总会有一些干扰信号存在，在到达接收端时，接收信号是发送信号和干扰信号的叠加。接收端对接收到的信号按照发送信号的时钟进行取样，如果干扰信号对信号叠加的影响过大，取样时就会取到与原始信号不一致的电平，这样就产生了差错。

一、差错的产生原因

通信信道上的干扰信号分为两类。一类是由传输介质的电子热运动产生的，这类干扰信号的特点是：时刻存在，但幅度较小，对传输信号的影响较弱，提高传输介质质量是消除这类干扰的有效办法。还有一类干扰信号是由外界电磁场干扰引起的，这类干扰信号的出现无任何规律，而且幅度较大，是引起传输差错的主要原因。

数据传输中所产生的差错都是由热噪声引起的。由于热噪声会造成传输中的数据信号失真，产生差错，所以在传输中要尽量减少热噪声。

热噪声是影响数据在通信媒体中正常传输的重要因素。数据通信中的热噪声主要包括：

第一，在数据通信中，信号在物理信道上的线路本身的电气特性随机产生的信号幅度、频率、相位的畸变和衰减。

第二，电气信号在线路上产生的反射造成的回音效应。

第三，相邻线路之间的串线干扰。

第四，自然界中闪电、电源开关的接触时产生的火花、大自然中磁场的变化及电源的波动等外界因素。

热噪声有两大类：随机热噪声与冲击热噪声。随机热噪声是通信信道上固有的、持续存在的热噪声。这种热噪声具有不固定性，所以称为随机热噪声。冲击热噪声是由外界某种原因突发产生的热噪声。

二、差错控制

数据在通信线路上进行传输时，由于上述原因产生差错，差错用误码率来衡量。一般通信系统误码率在 10^{-4}~10^{-6} 之间就可以满足传输要求，但在计算机之间传输数据时其误码率要求低于

10^{-9}，因此必须采用相应的措施，以提高通信质量。一般采用以下两种方法。

（一）高质量的通信

选用高质量的通信线路可改善通信质量，减少周围噪声的影响，差错减少，但这种方法受两个方面的制约。第一个是制约与噪声本身有关，噪声有两种：一种是内部噪声，由通信线路内部电子碰撞所产生；另一种是外部噪声，来自周围环境的影响，提高通信线路的质量有利于减少内部噪声，但对外部噪声则无能为力。第二个制约来自经济方面，高质量的线路则造价高，建设成本高。

（二）差错控制方法

差错控制是指在数据通信过程中，发现、检测差错，对差错进行纠正，从而把差错限制在数据传输所允许的尽可能小的范围内的技术和方法。

在数据传输中，没有差错控制的传输通常是不可靠的，常见的差错控制方法主要有两类：

1. 自动请求重发

自动请求重发是利用编码的方法在数据接收端检测差错，当检测出差错后，设法通知发送数据端重新发送数据，直到无差错为止。

2. 向前纠错

在向前纠错方法中，接收数据端不仅对接收的数据进行检测，而且当检测出差错后还能利用编码的方法自动纠正差错。

三、差错控制编码

对于差错控制，具体来说就是对所传输的数据进行抗干扰编码，差错控制编码是用以实现差错控制的编码。它分检错码、纠错码和 CRC 循环冗余校验码三种。

（一）检错码

检错码是能够自动发现错误的编码。但它只具有检错功能，不能确定错误位置也不能对错误进行校正。例如，1 位奇偶验（测错）。

（二）奇偶校验码

奇偶校验码是一种最简单的校验码，可分为垂直奇偶校验、水平奇偶校验和水平垂直奇偶校验三种方式。

垂直奇偶校验可以校验单个字符的错。如果字符信息位为（n–1）位，再附加一个第 n 位作为校验位。设这个字符的信息位为 χ_1，χ_2，χ_{n-1}，附加的校验位为 χ_n，如果 χ_1 到 χ_{n-1} 位中有偶个 1，则 χ_n 为 1/0（奇校验 / 偶校验）。如果 χ_1 到 χ_{n-1} 位中有奇数个 1，则 χ_n 为 1/0（奇校验 / 偶校验）。

垂直奇偶校验和水平奇偶校验都只能检测出奇数个，不能检测出偶数个数。水平奇偶校验的检测能力强，但实现线路相对复杂。

如果把垂直奇偶校验和水平奇偶校验结合起来，就是水平垂直奇偶校验（方阵码），这种方式既能发现奇数个错，也能发现偶数个错。

奇偶校验码实现简单，但检错能力不强，常用于要求不高，传输距离近的场合中。

（三）CRC 循环冗余校验码

在实际应用中广泛应用的循环冗余校验码 CRC 是一种校验码，它又称多项式码，发送用多项式控制，接收时生成一个多项式，如果一样则没错，否则错。CRC 漏检率非常低，只要用一个简单的电路就能实现。它能查出全部单个错或查出奇数个错，如有错则要求重发。它不仅能查出离散错，还能查出突发错。

第三章　计算机网络体系结构

第一节　网络体系结构

网络体系结构是计算机网络技术中的一个重要概念，它通过划分网络层次结构的方式，对网络通信功能给出了一个抽象而精确的定义。在这一章中抽象概念较多，在学习时要多思考。这些概念对后面的学习很有帮助。

随着计算机技术和通信技术的发展，计算机网络通信面对着诸多问题，如通信介质差异、硬件接口差异、主机系统差异、通信协议差异等。对于这些复杂的情况，很难采用一种简单的方式来完成网络通信。计算机网络体系结构是我们为简化这些问题的研究、设计与实现而抽象出来的一种结构模型。

结构模型有多种，如平面模型、层次模型和网状模型等，对于复杂的计算机网络系统，一般采用层次模型。层次模型是一种用于开发网络协议的设计方法。本质上，层次模型描述了把通信问题分为几个小问题的方法，每个小问题对应于一层。就好比一个软件开发项目，从客户需求到系统最终实现涉及需求分析、系统设计、系统开发、系统测试等问题，如果不把这些问题进行一定的划分并实施人员分工的话，那么整个系统的实现过程将变得复杂甚至是混乱，所以几乎所有的项目都将整个系统的实现分成几个实现相对简单的部分，并安排不同的人员来负责，最终完成整个项目的开发。同理，计算机网络体系结构也是按照分层原理，每层完成一个相对简单的特定功能，通过各层协调来实现整个网络通信。

一、网络体系结构的发展

不同的网络体系结构出现后，使用同一个公司生产的各种设备都能够很容易地互联成网络。这种情况显然有利于公司垄断市场。用户一旦购买了某个公司的网络，当需要扩大容量时，就只能再购买这家公司的产品。如果购买了其他公司的产品，那么由于网络体系结构的不同，就很难互相连通。

然而，全球经济的发展使得不同网络体系结构的用户迫切要求能够互相交换信息。为了使不同体系结构的计算机网络都能互联，“开放”是指非独家垄断的，因此只要遵循 OSI 标准，一个系统就可以和位于世界上任何地方的、也遵循这一标准的其他任何系统进行通信。这一点很像世界范围的电话和邮政系统，这两个系统都是开放系统。“系统”是指现实的系统中与互联有关的各部分。显然，开放系统互连参考模型 OSI/RM 是个抽象的概念。

OSI 试图达到一种理想的境界，即全世界的计算机网络都遵循这个统一的标准，因而全世界的计算机将能够很方便地进行互联和交换数据。在 20 世纪 80 年代，许多大公司甚至一些国家的政府机构纷纷表示支持 OSI。当时看来似乎在不久的将来全世界一定会按照 OSI 制定的标准来构造自己的计算机网络。然而到了 20 世纪 90 年代初期，虽然整套的 OSI 国际标准都已经制定出来了，但由于因特网已抢先在全世界覆盖了相当大的范围，而与此同时却几乎找不到厂家生产出符合 OSI 标准的商用产品。因此人们得出结论：OSI 只获得了一些理论研究的成果，但在市场化方面 OSI 则事与愿违地失败了。现今规模最大的、覆盖全世界的因特网并未使用 OSI 标准。

按照一般的概念，网络技术和设备只有符合有关的标准才能大范围地获得工程上的应用。但现在情况反过来了，得到最广泛应用的不是国际标准 OSI，而是非国际标准 TCP/IP, 这样 TCP/IP 就被称为是事实上的国际标准。

二、协议与划分层次

在计算机网络中要做到有条不紊地交换数据，就必须遵守一些事先约定好的规则。这些规则明确规定了所交换的数据格式以及有关的同步问题。这里所说的同步不是狭义的（即同频或同频同相）而是广义的，即在一定的条件下应当发生什么事件（如发送一个应答信息），因而同步含有时序的意思。这些为进行网络中的数据交换而建立的规则、标准或约定称为网络协议（Network Protocol）。网络协议也可简称为协议。更进一步讲，网络协议主要由以下三个要素组成：

第一，语法，即数据与控制信息的结构或格式；

第二，语义，即需要发出何种控制信息，完成何种动作以及做出何种响应；

第三，同步，即事件实现顺序的详细说明。

由此可见，网络协议是计算机网络不可或缺的组成部分。实际上，只要我们想让连接在网络上的另一台计算机做点什么事情（比如，从网络上的某个主机共享文件），我们都需要协议。

协议通常有两种不同的形式：一种是使用便于人阅读和理解的文字描述；另一种是使用计算机能够理解的程序代码。这两种不同形式的协议都必须能够对网络上信息交换过程做出精确的解释。

ARPANET 的研制经验表明，对于非常复杂的计算机网络协议，其结构采用层次式的，我们可以举一个简单的例子来说明划分层次的概念。

现在假定我们在计算机 1 和计算机 2 之间通过一个通信网络传送文件。这是一件比较复杂的工作，因为还需要做不少的工作。

我们可以将要做的工作划分为三类。第一类工作与传送文件直接有关。例如，发送方的文件传送应用程序应当确认接收方的文件管理程序已做好接收和存储文件的准备。若两台计算机所用的文件格式不一样，则至少其中的一台计算机应完成文件格式转换工作。这两件工作可用一个文件传输模块来完成。这样，两个主机可将文件传送模块作为最高的一层，在这两个模块之间的虚线表示两个主机系统交换文件和一些有关文件交换的命令。

但是，我们并不想让文件传送模块完成全部工作的细节，这样会使文件传送模块过于复杂。我们可以再设立一个通信服务模块，用来保证文件和文件传送命令可靠地在两个系统之间交换。也就是说，让位于上面的文件传送模块利用下面的通信服务模块所提供的服务。我们还可以看出，如果将位于上面的文件传送模块换成电子邮件模块，那么电子邮件模块同样可以利用在它下面的通信服务模块所提供的可靠通信的服务。

同样道理，我们再构造一个网络接入模块，让这个模块负责做与网络接口细节有关的工作，并向上层提供服务，使上面的通信服务模块能够完成可靠通信的任务。

从上述简单例子可以更好地理解分层可以带来如下好处：

第一，各层之间是独立的。某一层并不需要知道它的下一层是如何实现的，而仅仅需要知道该层通过层间的接口（即界面）所提供的服务。由于每一层只实现一种相对独立的功能，因而可将一个难以处理的复杂问题分解为若干个容易处理的更小一些的问题。这样，整个问题的复杂程度就下降了。

第二，灵活性好。当任何一层发生变化时（例如由于技术的变化），只要层间接口关系保持不变，则在这层以上或以下均不受影响。此外，对某一层提供的服务还可以进行修改，甚至当某层提供的服务不再需要时，还可以将这层取消而不会影响到其他层。

第三，结构上可分隔开。各层都可以采用最合适的技术来实现。

第四，易于实现和维护。这种结构使得实现和调试一个庞大而复杂的系统变得易于处理，因为整个的系统已被分解为若干相对独立的子系统。

第五，能促进标准化工作。因为每一层的功能及其所提供的服务都已有了精确的说明。

分层时应注意使每一层的功能非常明确。若层数太少，就会使每一层的协议太复杂。但是层数太多又会在描述和综合各层功能的系统工程任务时遇到较多的困难。通常每一层所要实现的一般功能往往是下面的一种功能或多种功能：

其一，差错控制。使得和网络对端的相应层次的通信更加可靠。

其二，流量控制。使得发送端的发送速率不要太快，要使得接收端来得及接收。

其三，分段和重装。发送端将要发送的数据块划分为更小的单位，在接收端将其还原。

其四，复用和分用。发送端几个高层会话复用一条低层的连接，在接收端再进行分用。

其五，连接建立和释放。在交换数据之前，先交换一些控制信息，以建立一条逻辑连接；当数据传送结束时，将连接释放。

分层当然也有一些缺点，例如，有些功能会在不同的层次中重复出现，因而产生了额外开销。我们将计算机网络的各层及其协议的集合称为网络的体系结构，也就是说，计算机网络的体系结构就是这个计算机网络及其部件所应完成的功能的精确定义。需要强调的是：这些功能究竟是用何种硬件或软件完成的，则是一个遵循这种体系结构的实现问题。体系结构的英文名词architecture的原意是建筑学或建筑的设计和风格。它和一个具体的建筑物的概念很不相同。例如，我们可以走进一个明代的建筑物中，但不能走进一个明代的建筑风格中。同理，我们也不能把一个具体的计算机网络说成是一个抽象的网络体系结构。总之，体系结构是抽象的，不是现实具体的，而是真正在运行的计算机硬件和软件。

三、网络体系结构相关概念

（一）实体与对等实体

在研究开放系统中的信息交换时，实体（Entity）就表示任何可发送或接收信息的硬件或软件进程，如终端、电子邮件系统、应用程序、进程等。不同机器上位于同一层次、完成相同功能的实体被称为对等（Peer to Peer）实体。

（二）接口与服务

网络体系结构中相邻层之间都有一个接口（Interface）。接口定义下层向其相邻的上层提供的服务及原语操作，并使下层服务的实现细节对上层是透明的。就好比软件开发项目的例子中，客户并不关心系统是如何设计出来的，他们只关心能否得到一个令自己满意的系统。当网络设计者决定一个网络应包括多少层、每一层应当做什么的时候，其中很重要的考虑因素就是在相邻层之间定义一个清晰的接口。为达到这些目的，又要求每一层能完成一组特定的、有明确含义的功能。除了尽可能减少必须在相邻层之间传递的信息量之外，一个清晰的接口可以使同一层轻易地用一种实现来替换另一种完全不同的实现（如用卫星信道来代替所有的电话线），只要新的实现能向上层提供旧的实现所提供的同一组服务就可以了。

在网络分层结构模型中，每一层为相邻的上一层所提供的功能称为服务（Service）。N层使用N-1层所提供的服务，向N+1层提供功能更强大的服务。N层使用N-1层所提供的服务时并不需要知道N-1层所提供的服务是如何实现的，而只需要知道下一层可以为自己提供什么样的服务，以及通过什么形式提供。N层向N+1层提供的服务通过N层和N+1层之间的接口来实现。服务是通过服务访问点（Sevice Acess Point，SAP）提供给上层使用的。N层SAP就是N+1层可以访问N层服务的地方。每一个SAP都有唯一标明自己身份的地址。例如，可以把电话系统的SAP看成标准电话机的物理接口，则SAP地址就是这些物理接口的电话号码。用户要想通话，必须预先知道对方的SAP地址（即电话号码）。

（三）数据单元

在计算机网络层次体系结构中，对等实体间按协议进行通信，相邻层次实体间按服务进行通信，这些通信都是按数据单元进行的。OSI体系结构对采用的数据单元类型作了规定，但对数据单元的长度、格式则未加限制。

第二节　网络体系结构参考模型

一、OSI 参考模型

开放系统互连参考模型（OSI）是由国际标准组织（ISO）制定的标准化开放式计算机网络层次结构模型，它通过对体系结构、服务定义和协议规范的抽象定义，给出了网络通信的概念性框架。“开放”这个词表示能使任何两个遵守参考模型和有关标准的系统进行互连，但 OSI 并非是具体实现的描述，只是一个为制定标准而提供概念性框架。在 OSI 中，只有各种协议是可以实现的，网络中的设备只有与 OSI 的有关协议相一致时才能实现互连。

（一）OSI 模型的结构

OSI 每一层的功能都在下一层的服务下实现，为上一层提供服务。模型中的物理层、数据链路层、网络层通常归入通信子网，靠硬件方法实现；传输层、会话层、表示层、应用层归入资源子网，依靠软件方法实现。从通信对象的角度来看，低三层又可看作系统间的通信，用来解决通信子网中数据传输；高三层又可以看成进程间通信，解决资源子网间的信息传输；传输层处于两者之间，可以看成系统通信和进程通信间的接口。

（二）OSI 模型的数据传输过程

第一，主机 A 发送进程 a 的数据送入应用层，应用层为数据加上应用层控制报头 Ha，构成应用层协议数据单元 PDU_A，然后送入表示层，成为表示层服务数据单元 SDUp。

第二，表示层将 SDUp 加上表示层控制报头 Hp 构成会话协议数据单元 PDUp，送入会话层，成为会话层服务数据单元 SDPS。

第三，会话层将 SDUs 加上会话层控制报头 Hs，构成会话层协议数据单元 PDUs，送入传输层，成为传输层服务数据单元 SDUt。

第四，传输层将 SDUt 加上传输层控制报头 Ht，构成传输层协议数据单元 PDUt，PDUt 又称作报文（Message），送入网络层，成为网络层服务数据单元 SDUn。

第五，网络层因为数据单元长度的限制，将报文（SDUn）分成多个数据段，分别加上网络层控制报头 H_N，构成网络层协议数据单元 PDU_N，PDU_N 又称作分组（Packet），送入数据链路层，成为数据链路层服务数据单元 SDUp。

第六，数据链路层又因为数据单元长度的限制，将分组（SDUp）分成多个数据段，分别加上数据链路层控制报头 Hd 和报尾 Td，构成数据链路层协议数据单元 PDU_d，PDU_d 又称作帧（Frame），送入物理层，成为物理层服务数据单元 SDUph。

第七，物理层将帧以比特流形式通过物理介质传输出去，最终送达主机 B。主机 B 又从物理层开始把数据依次上传，各层对各自的控制报头进行处理，并把服务数据单元上交，最终将进程

a 的数据送交给主机 B 的进程 b。

二、OSI 各层功能介绍

（一）物理层（Physical Layer）

物理层是 OSI 参考模型的最底层，它的任务就是在通信信道上透明地传输比特流，即以 0 和 1 表示的二进制数据流。

物理层是一个逻辑层次，但它传输数据所利用的传输介质（如双绞线、同轴电缆和光纤等）则是物理的。传输介质不在物理层之内，而是在物理层的下面。尽管有人将物理介质称作第 0 层，但它并不具备网络体系结构中的层次的含义。

1. 物理层的主要功能

（1）物理连接：当数据链路层请求在两个数据链路实体之间建立物理连接时，物理层应能立即为它们建立相应的物理连接。物理连接有两种方式：

点对点连接：一个链路实体和一个数据链路实体相连接。

多点连接：一个数据链路实体和多个数据链路实体相连接。

物理层一旦完成数据链路实体的互连，其内的物理实体在物理层以上是不可见的，数据链路层所能感知的只是两个物理连接端点（点对点连接）或多个连接端点（多点连接）。物理连接既可以是永久连接（专线形式），也可以是动态连接（交换网）。

（2）差错检测：当物理层出现差错时，如传输过程中的奇偶错误和格式错误等，应向数据链路层实体报告物理层中所检测到的故障和差错。

2. 物理层的服务

物理连接的服务质量大部分由数据电路本身确定，其质量指标包含误码率、服务可用性、数据传输速率和传输延迟等。它所提供的物理服务数据单元分为以下两类：

（1）串行传输：同一时刻只能有一个比特。

（2）并行传输：同一时刻可以有若干多个比特。

3. 物理层的物理特性

（1）机械特性，主要规定了 DTE/DCE 接口连接器的形状和尺寸、引脚数和引脚的排序等。例如，25 引脚或 9 引脚的 D 形连接器、8 引脚的 DJ-45 连接器等。

（2）电气特性，主要规定每种信号的电平、信号的脉冲宽度、所允许的数据传输速率和最大传输距离。

（3）功能特性，规定接口电路引脚的功能和作用。

（4）规程特性，规定接口电路信号的时序、应答关系和操作过程，如怎样建立和拆除物理层连接，是全双工还是半双工等。

4.DTE 和 DCE

RS-232 是数据终端设备（Data Terminal Equipment，DTE）与数据电路端接设备（Data Circuit-terminiating Equipment，DCE）之间的接口标准。DTE 就是具有数据处理及数据收发能力的设备；DCE 则是在 DTE 和传输线路之间进行信号转换和编码，负责建立、保持和释放线路连接的设备。DTE 通常是一台计算机或终端设备，而 DCE 通常是一个调制解调器（Modem）或其他通信控制设备。

（二）数据链路层（Data Link Layer）

在物理层发送和接收数据的过程中，会出现一些物理层自己不能解决的问题。例如，当两个结点同时试图在一条线路上发送数据时该如何处理？结点如何知道它所接收的数据是否正确？如果噪声改变了一个分组的目标地址，结点如何察觉它丢失了本应收到的分组呢？这些都是数据链路层所必须负责的工作。数据链路层是 OSI 参考模型中的第二层，介于物理层和网络层之间，在物理层提供的服务的基础上向网络层提供服务。数据链路层涉及相邻结点之间的可靠数据传输，数据链路层通过加强物理层传输原始比特的功能，使之对网络层表现为一条无差错的链路。数据链路层的基本功能是向网络层提供透明的可靠的数据传输服务。“透明性”是指该层上传输的数据的内容、格式及编码没有限制，也没有必要解释信息结构的意义；“可靠的传输”是指免去用户信息干扰及信息顺序不正确等的担心。

1. 数据链路层基本概念

所谓链路（Link）就是一条无源的点到点的物理线路段，中间没有任何其他的交换结点。在进行数据通信时，两个计算机之间的通路往往是由许多的链路串接而成的，可见一条链路只是一条通路的一个组成部分。

数据链路（Data Link）则是另一个概念。这是因为当需要在一条线路上传送数据时，除了必须有一条物理线路外，还必须有一些必要的通信协议来控制这些数据的传输。把实现这些协议的硬件和软件加到链路上，就构成了数据链路。数据链路就像一个数字管道，可以在它上面进行数据通信。当采用复用技术时，一条链路上可以有多条数据链路。在数据链路上传输的是帧，而在链路上传输的仅仅是一个个的比特（1 和 0）。有时我们也说，在某条链路上传送一个数据帧，其实这已经隐含地假定了我们是在数据链路层来观察问题。如果没有数据链路层的协议，我们就只能看见链路上传送的比特串，根本不能找出一个帧是从哪一个比特开始和到哪一个比特结束，当然也无法识别帧的结构。

2. 数据链路层功能

数据链路层最基本的服务是将源端网络层发来的数据可靠地传输到相邻结点的目标机网络层。为达到这一目的，数据链路层必须具备一系列相应的功能，它们主要有：如何将数据组合成数据块，在数据链路层中将这种数据块称为帧，帧是数据链路层的传送单位；如何控制帧在物理信道上的传输，包括如何处理传输差错，如何调节发送速率以使之与接收方相匹配；在两个网络实体之间提供数据链路通路的建立、维持和释放管理。

（1）链路管理

当网络中的两个结点要进行通信时，数据的发送方必须确知接收方是否已经处在准备接收的状态。为此，通信的双方必须先要交换一些必要的信息，或者必须先建立一条数据链路。同样地，在传输数据时要维持数据链路，而在通信完毕时要释放数据链路。数据链路的建立、维持和释放就称为链路管理。

（2）帧同步

在数据链路层，数据的传送单位是帧。数据一帧一帧地传送，就可以在出现差错时，将有差错的帧再重传一次，而避免了将全部数据都进行重传。帧同步是指接收方应当能从收到的比特流中准确地区分出一帧的开始和结束的地方。

（3）差错控制

在计算机通信中，一般都要求有极低的比特差错率。为此，广泛地采用了编码技术。编码技术有两大类。一类是前向纠错，即接收方收到有差错的数据帧时，能够自动将差错改正。这种方法的开销较大，不适合于计算机通信。另一类是差错检测，即接收方可以检测出收到的帧有差错（但并不知道是哪几个比特错了）。当检测出有差错的帧时就立即将它丢弃，但接下去有两种选择方法：一种是不进行任何处理，而由高层来处理；另一种则是由数据链路层负责重传丢弃的帧。

常见的差错控制的方法是自动重发请求（Automatic Repeat reQuest，ARQ），其中又分为空闲重发请求（Idle Repeat reQuest，IRQ）和连续重发请求（Continuous Repeat reQuest，CRQ）。

空闲重发请求 IRQ 又称停等 ARQ，该方案规定发送方每发送一帧就要停下来等待接收方的确认返回，仅当接收方确认正确接收后再继续发送下一帧。

空闲重发请求方案的实现过程如下所述：

发送方每次仅将当前信息帧作为待确认帧保留在缓冲存储器中。

当发送方开始发送信息帧时，随即启动计时器。

当接收方收到无差错信息帧后，即向发送方返回一个确认帧。

当接收方检测到一个含有差错的信息帧时，便舍弃该帧。

当发送方在规定时间内收到确认帧，即将计时器清零，继而开始下一帧的发送。

若发送方在规定时间内未收到确认帧（即计时器超时），则应重发存于缓冲器中的待确认帧。

从以上过程可以看出，停等 ARQ 方案的接收方、发送方仅设置一个帧的缓冲存储空间，便可以有效地实现数据重发并确保接收方接收的数据不会重复。停等 ARQ 方案最主要的优点就是所需要的缓冲存储空间小，因此在链路端使用简单终端的环境中被广泛采用。但停等 ARQ 信道的利用效率不高，停等 ARQ 的现实过程。

连续重发请求 CRQ 又称连续 ARQ。连续重发请求方案是指发送方可以连续发送一系列信息帧，即不用等前一帧被确认便可发送下一帧。这就需要在发送方设置一个较大的缓冲存储空间（称作重发表），用以存放若干待确认的信息帧。当发送方收到对某信息帧的确认帧后便可从重发表中将该信息帧删除。所以，连续 ARQ 方案的链路传输效率大大提高，但相应地需要更大的缓冲存储空间。

连续 ARQ 方案的实现过程如下所述：

发送方连续发送信息帧而不必等待确认帧的返回。

发送方在重发表中保存所发送的每个帧的备份。

重发表按先出先进（FIFO）队列规则操作。

接收方对每一个正确收到的信息帧返回一个确认帧。

每一个确认帧包含一个唯一的序号，随相应的确认帧返回。

接收方保存一个接收次序表，它包含最后正确收到的确认帧的序号。

当发送方收到相应信息帧的确认后，从发表中删除该信息帧的备份。

当发送方检测出失序的确认帧（即第 N 号信息帧和第 N+2 号信息帧的确认帧已返回，而 N+1 号的确认帧未返回）后，便重发未被确认的信息帧。

上面连续 ARQ 过程是假定在不发生传输差错的情况下描述的，如果差错出现，进一步的处理还可以有两种策略，即 GO-BACK-N 策略和选择重发策略。

GO-BACK-N 策略的基本原理是：当接收方检测出失序的信息帧后，要求发送方重发最后一个正确接收的信息帧之后的所有未被确认的帧；或者当发送方发送了 N 个帧后，若发现该 N 帧的前一个帧在计时器超时后仍未返回其确认信息，则该帧被判为出错或丢失，此时发送方就不得不重新发送出错帧及其后的 N 帧。这就是 GO-BACK-N（回退 N）名称的由来。因为对接收方来说，由于这一帧出错，就不能以正常的序号向它的高层递交数据，对其后发送的 N 帧也可能都不能接收而丢弃。

GO-BACK-N 可能将已正确传送到目的方的帧再重传一遍，这显然是一种浪费。另一种效率更高的策略是当接收方发现某帧出错后，其后继续送来的正确的帧虽然不能立即递交给接收方的高层，但接收方仍可收下来，存放在一个缓冲区中，同时要求发送方重新传送出错的那一帧。一旦收到重新传来的帧后，就可以将原已存于缓冲区中的其余帧一并按正确的顺序递交高层。这种方法称为选择重发（SELECTIVE REPEAT）。显然，选择重发减少了浪费，但要求接收方有足够大的缓冲区空间。

（4）流量控制（Flow Control）

由于通信双方各自使用设备的工作速率和缓存空间的差异，可能出现发送方发送能力大于接收方接收能力的现象，若此时不对发送方的发送速率做适当的限制，前面来不及接收的数据帧将被后面不断发送来的帧所“淹没”，从而造成数据帧的丢失而出错。故而，流量控制实际上就是对发送方数据流量的控制，使其发送速率不致超过接收方的接收速率，以保证所有发送数据都能及时地被接收方接收，即需要一些规则使得发送方知道在什么情况下可以接着发送下一帧，而在什么情况下必须暂停发送，以等待收到某种反馈信息后再继续发送。

数据链路层常见的流量控制方法是滑动窗口。

我们从停止等待协议中已经得到启发。在停止等待协议中，无论发送多少帧，只需使用 1 个比特来编号就足够了。发送序号循环使用 0 和 1 这两个序号。对于连续 ARQ 协议，也可以采用同样的原理，及循环重复使用已收到确认的那些帧的序号。这时只需要在控制信息中用有限的几个比特来编号就够了。当然还要加入适当的控制机制，这就是要在发送端和接收端分别设定所谓的发送窗口和接收窗口的原因。

发送窗口用来对发送端进行流量控制，而发送窗口的大小 W_T 就代表在还没有收到对方确认信息的情况下发送端最多可以发送多少个数据帧。显然，停止等待协议的发送窗口大小是 1，表明只要发送出去的某个数据帧未得到确认，就不能再发送下一个数据帧。发送窗口的概念最好用图形来说明。

我们现在假设发送序号用 3 个比特来编码，即发送序号可以是 8（$2^3=8$）个不同的序号，从 0 到 7。又假定发送窗口 $W_T=5$，这表示在未收到对方确认信息的情况下，发送端最多可以发送出 5 个数据帧。

3. 将数据和控制信息区分开

在许多情况下，数据和控制信息处于同一帧中。因此，一定要有相应的措施使接收方能够将它们区分开来。

4. 透明传输

所谓透明传输就是不管所传送数据是什么样的比特组合，都应当能够在链路上传送。当所传送数据中的比特组合恰巧出现了与某一个控制信息完全一样时，必须有可靠的措施，使接收方不会将这种比特组合的数据误认为是某种控制信息。只要能做到这一点，数据链路层的传输就被称为是透明的。

5. 寻址

必须保证每一个帧都能够送到正确的目的站。接收方也应知道发送方是哪个站。

（三）数据链层协议

高级数据链路控制（High-Level Data Link Control，HDLC），是一个在同步网上传输数据、面向比特的数据链路层协议，它是由国际标准化组织（ISO）根据 IBM 公司的 SDLC（Synchronous Data Link Control）协议扩展开发而成的。

HDLC 适用于链路的两种基本配置，即非平衡配置和平衡配置。非平衡配置的特点是由一个主站（Primary Station）控制整个的工作。主站发出的帧叫作命令（Command）。受控的各站叫作次站或从站（Secondary Station）。次站发出的帧叫作响应（Response）。在多点链路中，主站与每一个次站之间都有一个分开的逻辑链路。

平衡配置的特点是链路两端的两个站都是复合站（Combined Station）。复合站同时具有主站与次站的功能。因此每个复合站都可以发出命令和响应。

对于非平衡配置，只有主站才能发起向次站的数据传输，而次站只有在主站向它发送命令帧进行探询（Polling）时，才能以响应帧的形式回答主站。主站还负责链路的初始化、链路的建立和释放以及差错恢复等。

平衡配置的特点是每个复合站都可以平等地发起数据传输，而不需要得到对方复合站的允许。

1.HDLC 的帧格式

在 HDLC 中，数据和控制报文均以帧的标准格式传送。HDLC 中的帧类似于 BSC 字符块，但 BSC 协议中的数据报文和控制报文是独立传输的，而 HDLC 中命令和响应以统一的格式按帧传输。完整的 HDLC 帧由标志字段（F）、地址字段（A）、控制字段（C）、信息字段（I）、帧校验序列字段（FSC）等组成。

（1）标志字段（F）

标志字段为 01111110 的比特模式，用以标志帧的起始和前一帧的终止。标志字段也可以作为帧与帧之间的填充字符。通常，在不进行帧传送的时刻，信道仍处于激活状态，在这种状态下，发送方不断地发送标志字段，便可认为一个新的帧传送已经开始。采用“0 比特插入法”可以实现数据的透明传输。

（2）地址字段（A）

地址字段的内容取决于所采用的操作方式。在操作方式中，有主站、从站、组合站之分。每一个从站和组合站都被分配一个唯一的地址。命令帧中的地址字段携带的是对方站的地址，而响应帧中的地址字段所携带的地址是本站的地址。某一地址也可分配给不止一个站，这种地址称为组地址，利用一个组地址传输的帧能被组内所有拥有该组的站一一接收。但当一个站或组合站发送响应时，它仍应当用它唯一的地址。还可用全“1”地址来表示包含所有站的地址，称为广播地址，含有广播地址的帧传送给链路上所有的站。另外，还规定全“0”地址为无站地址，这种地址不分配给任何站，仅用作测试。

（3）控制字段（C）

控制字段用于构成各种命令和响应，以便对链路进行监视和控制。发送方主站或组合站利用控制字段来通知被寻址的从站或组合站执行约定的操作；相反，从站用该字段作对命令的响应，报告已完成的操作或状态的变化。该字段是 HDLC 的关键。控制字段中的第一位或第一、第二位表示传送帧的类型，HDLC 中有信息帧（I 帧）、监控帧（S 帧）和无编号帧（U 帧）三种不同类型的帧。控制字段的第五位是 P/F 位，即轮询 / 终止（Poll/Final）位。

控制字段中第 1 或第 1、2 位表示传送帧的类型，第 1 位为“0”表示是信息帧，第 1、2 位为“10”是监控帧，“11”是无编号帧。

信息帧中，第 2、3、4 位为存放发送帧序号，第 5 位为轮询位，当为 1 时，要求被轮询的从站给出响应，第 6、7、8 位为下个预期要接收的帧的序号。

监控帧中，第3、4位为S帧类型编码。第5位为轮询/终止位，当为1时，表示接收方确认结束。

无编号帧，提供对链路的建立、拆除以及多种控制功能，用第3、4、6、7、8这五个M位来定义，可以定义32种附加的命令或应答功能。

（4）信息字段（I）

信息字段可以是任意的二进制比特串。比特串长度未作限定，其上限由FSC字段或通信站的缓冲器容量来决定，目前国际上用得较多的是1000~2000比特；而下限可以为0，即无信息字段。但是，监控帧（S帧）中规定不可有信息字段。

（5）帧校验序列字段（FSC）

帧校验序列字段可以使用16位CRC，对两个标志字段之间的整个帧的内容进行校验。FSC的生成多项式CCITTV4.1建议规定的$X^{16}+X^{12}+X^{5}+1$。

2.HDLC的帧类型

（1）信息帧（I帧）

信息帧用于传送有效信息或数据，通常简称I帧。I帧以控制字第一位为“0”来标志。

信息帧的控制字段中的N（S）用于存放发送帧序号，以使发送方不必等待确认而连续发送多帧。N（R）用于存放接收方下一个预期要接收的帧的序号，N（R）=5，即表示接收方下一帧要接收5号帧，换言之，5号帧前的各帧接收到。N（S）和N（R）均为3位二进制编码，可取值0~7。

（2）监控帧（S帧）

监控帧用于差错控制和流量控制，通常简称S帧。S帧以控制字段第一、二位为“10”来标志。S帧带信息字段，只有6个字节即48个比特。S帧的控制字段的第三、四位为S帧类型编码，共有四种不同编码，分别表示：

00—接收就绪（RR），由主站或从站发送。主站可以使用RR型S帧来轮询从站，即希望从站传输编号为N（R）的I帧，若存在这样的帧，便进行传输；从站也可用RR型S帧来作响应，表示从站希望从主站那里接收的下一个I帧的编号是N（R）。

01—拒绝（REJ），由主站或从站发送，用以要求发送方对从编号为N（R）开始的帧及其以后所有的帧进行重发，这也暗示N（R）以前的I帧已被正确接收。

10—收未就绪（RNR），表示编号小于N（R）的I帧已被收到，但目前正处于忙状态，尚未准备好接收编号为N（R）的I帧，这可用来对链路流量进行控制。

11—选择拒绝（SREJ），它要求发送方发送编号为N（R）单个I帧，并暗示它编号的I帧已全部确认。

可以看出，接收就绪RR型S帧和接收未就绪RNR型S帧有两个主要功能：首先，这两种类型的S帧用来表示从站已准备好或未准备好接收信息；其次，确认编号小于N（R）的所有接收到的I帧。拒绝REJ和选择拒绝SREJ型S帧，用于向对方站指出发生了差错。REJ帧用于

GO-back-N 策略，用以请求重发 N（R）以前的帧已被确认，当收到一个 N（S）等于 REJ 型 S 帧的 N（R）的 I 帧后，REJ 状态即可清除。SREJ 帧用于选择重发策略，当收到一个 N（S）等 SREJ 帧的 N（R）的 I 帧时，SREJ 状态即应消除。

（3）无编号帧（U 帧）

无编号帧因其控制字段中不包含编号 N（S）和 N（R）而得名，简称 U 帧。U 帧用于提供对链路的建立、拆除以及多种控制功能，但是当要求提供不可靠的无连接服务时，它有时也可以承载数据。这些控制功能由 5 个 M 位（M1、M2、M3、M4、M5，也称修正位）来定义。5 个 M 位可以定义 32 种附加的命令功能或 32 种应答功能，但目前许多是空缺的。

3.HDLC 如何保证数据的透明传输

我们知道，物理层要解决比特同步的问题，但是，数据链路层要解决帧同步的问题。所谓帧同步就是从收到的比特流中正确无误地判断出一个帧从哪个比特开始以及到哪个比特结束。为此，HDLC 规定了在一个帧的开头和结尾处放入一个特殊的标记，作为一帧的边界。这个标记就称为标志字段 F（flag）。我们从前面帧的格式已经知道标志字段 F 为六个连续的 1 加上两边各一个 0 共 8 bit。在接收端，只要找到标志字段，就可以很容易地确定一个帧的位置。

但是也存在一个问题，如果发送的比特串中也出现了和标志字段 F 一样的比特组合，那么我们有可能会把发送的比特串中的比特组合误当成为是标志字段 F，从而引起错误。为了在数据链路层能够透明地传输比特流，HDLC 采用“零比特填充法”使一帧中两个 F 字段之间不会出现 6 个连续 1 的情况。

零比特填充的具体做法是：在发送端，当一串比特流尚未加上标志字段时，先用硬件扫描要发送的帧，只要发现有 5 个连续 1，则立即填入一个 0，这样就不会出现 6 个 1 连续的情况了。在接收端中，先把数据部分从标志段中分离出来，再用硬件扫描，每当发现 5 个连续 1 时就把这 5 个 1 后的一个 0 删掉，这样就还原成原来的比特流了，通过这种方法，就可以传输任意组合的比特流也不至于引起对帧边界的判断错误。

采用零比特填充法就可以传送任意组合的比特流，或者说，就可以实现数据链路层的透明传输。当连续传输两个帧时，前一个帧的结束标志字段 F 可以兼作后一帧的起始标志字段。当暂时没有信息传送时，可以连续发送标志字段，使接收端可以一直和发送端保持同步。

（四）网络层（Network Layer）

网络层是 OSI 参考模型中的第三层，介于传输层和数据链路层之间。它在数据链路层提供的两个相邻端点之间的数据帧的传送功能上，进一步管理网络中的数据通信，将数据设法从源端经过若干个中间结点传送到目的端，从而向传输层提供最基本的端到端的数据传送服务。网络层关系到通信子网的运行控制，体现了网络应用环境中资源子网访问通信子网的方式，是 OSI 模型中面向数据通信的低三层（也即通信子网）中最为复杂、关键的一层。

网络层的主要功能是完成网络中任意主机之间的数据传输，其关键问题是如何将分组从源主机路由到目的主机。

1. 网络层主要功能

（1）路由选择

路由选择又称为路径选择，是指网络中的结点根据通信网络的情况（可用的数据链路、各条链路中的信息流量），按照一定的策略（传输时间最短、传输路径最短等），为数据报选择一条可用的传输路由，将其发往目的主机。路由选择是通信网络最重要的功能之一，它与网络的传输性能密切相关。

（2）拥塞控制

拥塞控制是指到达通信子网中某一部分的分组数量过多，使得该部分网络来不及处理以至引起这部分乃至整个网络性能下降的现象，严重时甚至会导致网络通信业务陷入停顿，即出现死锁现象，这时就需要拥塞控制。

（3）网络互连

当一个分组必须从一个网络传输到另一个网络才能够到达目的地时，可能会产生很多问题。例如，第二个网络所使用的编址方案可能与第一个网络不同；第二个网络可能根本不能接收这个分组，因为它太大了；两个网络所使用的协议也可能不一样等。网络层应负责解决这些问题，从而允许不同种类的网络可以相互连接。

2. 网络层协议

网络层协议包括如何在分组交换网上的不同主机之间进行分组传送的协议（如因特网互联网层的 IP 协议）和与路由相关的路由选择协议。路由选择协议的核心是路由算法，即如何获得路由表中的各个项目。根据路由算法能否随网络的通信量或拓扑结构自适应地进行调整来划分，有静态路由选择策略和动态路由选择策略两种。静态路由选择又称为非自适应路由选择，其特点是简单和开销较小，但不能及时适应网络状态的变化。常见的静态路由选择策略算法包括泛射路由选择、固定路由选择和随机路由选择。动态路由选择又称为自适应路由选择，其特点是能够较好地适应网络状态的变化，但实现起来比较复杂，开销也比较大。常见的动态路由选择策略算法包括独立路由选择、集中路由选择和分布路由选择。

（五）传输层（Transport Layer）

传输层是OSI七层模型中承上启下的层，其下是网络层、数据链路层和物理层，其上是会话层、表示层和应用层。从数据通信和信息处理的角度来看，传输层属于面向数据通信的最高层；从网络功能角度来看，传输层是 0S1 模型中最重要、最关键的一层，是唯一负责总体数据传输和控制的一层。传输层通过弥补网络层服务质量的不足，为会话层提供端到端的可靠数据传输服务。它为会话层屏蔽了传输层以下的数据通信的细节，使会话层不会受到下三层技术变化的影响。但同时，它又依靠下面的三个层次控制实际的网络通信操作，来完成数据从源到目标的传输。传输层为了向会话层提供可靠的端到端传输服务，也使用了差错控制和流量控制等机制。传输层的两个主要目的是：第一，提供可靠的端到端的通信；第二，向会话层提供独立于网络层的传输服务。

1. 传输连接

假设主机 A 和主机 B 通过互连的两个网络（网络一和网络二）进行通信。物理层使链路上透明地传输比特流；数据链路层使各链路无差错地传输数据帧；网络层使主机 A 到主机 B 按合理路由传输分组；而传输层则使主机 A 和主机 B 建立起一条端到端的连接，而使网络层透明。

2. 传输服务

传输层的服务包括的内容有：服务类型、服务等级、数据传输、用户接口、连接管理、快速数据传输、状态报告、安全保密等。

（1）服务类型

传输服务有两大类，即面向连接的服务和面向无连接的服务。面向连接的服务提供传输服务用户之间逻辑连接的建立、维持和拆除，是可靠的服务，可提供流量控制、差错控制和序列控制。无连接的服务，只能提供不可靠的服务。

传输层的存在使传输服务比网络服务更可靠，分组的丢失、残缺、甚至网络的复位均可被传输层检测出来，并采取相应的补救措施。因为传输服务独立于网络服务，用网络服务原语编写的应用程序能广泛适用于各种网络,因而不必担心不同的通信子网所提供的不同的服务及服务质量。

（2）服务等级

传输协议实体应该允许传输层用户能选择传输层所提供的服务等级，以利于更有效地利用系统所提供的互联网络资源。可提供的服务包括差错和丢失数据的程度、允许的平均延迟和最大延迟、允许的平均吞吐率和最小吞吐率及优先级水平等。根据这些要求，可将传输层协议服务等级细分为 4 类。

可靠的面向连接协议；

不可靠的面向无连接的协议；

需要定序和定时传输的话音传输协议；

需要快速和高可靠的实时协议。

（3）数据传输

数据传输的任务是在两个传输实体之间传输用户数据和控制数据。一般采用全双工服务，也可采用半双工服务。数据可分为正常的服务数据分组和快递服务数据分组两种，对快速服务数据分组的传输可暂时中止当前的数据传输，在接收端用中断的方式优先接收。

（4）用户接口

用户接口机制可以有多种方式，包括采用过程调用、通过邮箱传输数据和参数、用 DNA 方式在主机与具有传输实体的前端处理器之间传输等。

（5）连接管理

面向连接的协议需要提供和建立终止连接的功能。一般总是提供对称的功能，即两个对话的实体连接管理的功能，对简单的应用也有仅对一方提供连接管理功能的情况。连接的终止可以采用立即终止传输，或等待全部数据传输完再终止连接。

（6）安全保密

安全保密包括对发送者和接收者的确认、数据的加密以及通过保密的链路和结点的路由选择等安全保密服务。

3. 服务质量

服务质量包括（Quallity of Service，QoS）是指在传输两结点之间看到的某些传输连接的特征，是传输层性能的度量，反映了传输质量及服务的可用性。

服务质量可用一些参数来描述，如连接建立延迟、连接建立失败、吞吐量、传送延迟、残留差错率、连接拆除延迟、连接拆除失败概率、连接传输失败率等。用户可以在连接建立时指明所期望的、可以接受的或不接受的 QoS 参数值。通常，用户使用连接建立源于在用户与传输服务提供者之间协商 QoS，协商过的 QoS 适用于整个传输连接的生存期。但主呼用户请求的 QoS 可能被传输服务提供者降低，也可能被主呼用户降低。

根据用户要求和差错性质，网络服务按质量可分为 3 种类型。

A 型网络服务，具有可接受的残留差错率和故障通知率。

B 型网络服务，具有可接受的残留差错率和不可接受的故障通知率。

C 型网络服务，具有不可接受的残留差错率。

可见，网络服务质量的划分是以用户要求为依据的。若用户要求比较高，则一个网络可能归于 C 型；反之，则一个网络可能归于 B 型或 A 型。例如，对于某个电子邮件系统来说，每周丢失一个分组的网络也许可算作 A 型；而同一个网络对银行系统来说则只能算作 C 型了。3 种类型的网络服务中，A 型服务质量最高，B 型网络服务质量次之，C 型网络服务质量最差。

4. 传输层协议等级

传输层的功能是要弥补从网络层获得的服务和逆向传输服务用户提供的服务之间的差距，它所担心的是提高服务质量，包括优化成本。

传输层的功能按级别划分，OSI 定义了 5 种协议级别，不同的传输协议用于不同的环境，网络性能越差则传输协议就越复杂。

5. 传输服务原语

服务在形式上用一组原语（Primitive）来描述。原语被用来通知服务提供者采取某些行动，或报告某同层实体已经采取的行动。在 OSI 参考模型中，服务原语划分为四种类型：

第一，请求（Request），用户利用它要求服务提供者提供某些服务，如建立连接或发送数据等。

第二，指示（Indication），服务提供者执行一个请求以后，用指示原语通知接收方的用户实体，告知有人想要与之建立连接或发送数据等。

第三，响应（Response），收到指示原语后，利用响应原语向对方做出反应，如同意或不同意建立连接等。

第四，确认（Confirm），请求对方可以通过接收确认原语来获悉对方是否同意接收请求。

（六）会话层（Session Layer）

会话层的功能是在两个结点间建立、维持和释放面向用户的连接。它是在传输连接的基础上建立会话连接，并进行数据交换管理，允许数据进行单工、半双工和全双工的传送。会话层提供了令牌管理和同步等功能。

1. 会话连接到传输连接的映射

会话层的主要功能是提供建立连接并有序传输数据的一种方法，这种连接称为会话（Session）。会话可以使一个远程终端登录到本地的计算机，进行文件传输或进行其他的应用。

会话连接建立的基础是建立传输连接，只有当传输连接建立好之后，会话连接才能依赖于它而建立。会话与传输层的连接有 3 种对应关系。一种是一对一的关系，即在会话层建立会话时，必须建立一个传输连接，当会话结束时，这个传输连接也被释放。另一种是多对一的关系，例如，在多客户系统中，一个客户所建立的一次会话结束后，又有另一个客户要求建立另一个会话，此时运载这些会话的传输连接没有必要不停地建立和释放，但在同一时刻，一个传输连接只能对应于一个会话连接。第三种是一对多的关系，若传输连接建立后中途失效，此时会话层可以重新建立一个传输连接而不用废弃原有的会话，当新的传输连接建立后，原来的会话可以继续下去。

2. 会话连接的释放

会话连接的释放不同于传输连接的释放，它采用有序释放方式，即使用完全的握手，包括请求、指示、响应和确认原语，只有双方同意，会话才终止。这种释放方式不会丢失数据。对于异常原因，会话层也可以不经协商立即释放，但这样可能会丢失数据。

3. 会话层管理

与其他各层一样，两个会话实体之间的交互活动都需要协调、管理和控制。会话服务的获得是执行会话层协议的结果，会话层协议支持并管理同等会话实体之间的数据交换。由于会话层往往是由一系列交互对话组成的，所以对话的次序、对话的进展情况必须加以控制和管理。在会话层管理中考虑了令牌与对话管理、活动与活动单元以及同步与重新同步等措施。

（1）令牌和对话管理

在原理上，所有 OSI 的连接都是全双工的，然而，在许多情况下，高层软件为方便起见往往设计成半双工交互式通信。例如，远程终端访问一个数据库管理系统，往往是发出一个查询，然后等待回答，要么轮到用户发送，要么轮到数据库发送，保持这些轮换的轨迹并强制实行轮换，就称为对话管理。实现对话管理的方法是使用数据令牌（Data-Token），令牌是会话连接的一个属性，它表示了会话服务用户对某种服务的独占使用权，只有持有令牌的用户可以发送数据，另一方必须保持沉默。令牌可在某一时刻动态地分配给一个会话服务用户，该用户用完后又可重新分配。所以，令牌是一种非共享的 OSI 资源。会话层中还定义了次同步令牌和主同步令牌，这两种用于同步机制的令牌将与下面的同步服务一起介绍。

（2）活动与对话单元

会话服务用户之间的合作可以划分为不同的逻辑单位，每一个逻辑单位称为一个活动（Activity）。每个活动的内容具有相对的完整性和独立性。因此也可以将活动看成是为了保持应用进程之间的同步而对它们之间的数据运输进行结构化而引入的一个抽象概念。在任一时刻，一个会话连接只能为一个活动所使用，但允许某个活动跨越多个会话连接，另外，可以允许有多个活动顺序地使用一个会话连接，但在使用上不允许重叠。

例如：一对拨通的电话相当于一个会话连接，使用这对电话通话的用户进行的对话相当于活动。显然一个电话只能一个人使用，即支持一个活动，然而，当一对用户通完话后可不挂断电话，让后续需要同一电话线路连接的人接着使用，这就相当于一个会话连接供多个活动使用。若在通话过程中线路出现故障引起中断，则需要重新再接通电话继续对话，则就相当于一个活动跨越多个连接。

对话单元又是一个活动中数据的基本交换单元，通常代表逻辑上重要的工作部分。在活动中，存在一系列的交互通话，每个单向的连接通信动作所运输的数据就构成一个对话单元。

（3）同步与重新同步

会话层的另一个服务是同步。所谓同步就是使会话服务用户对会话的进展情况有一致的了解。在会话被中断后可以从中断处继续下去，而不必从头恢复会话。这种对会话进程的了解是通过设置同步点来获得的。会话层允许会话用户在运输的数据中自由设置同步点、并对每个同步点赋予同步序号，以识别和管理同步点。这些同步点是插在用户数据流中一起传输给对方的。当接收方通知发送方它收到一个同步点，发送方就可确信接收方已将此同步点之前发送的数据全部收妥。

会话层中定义了两类同步点。主同步点用于在连续的数据流中划分出对话单元，一个主同步点是一个对话单元的结束和下一个对话单元的开始。只有持有主同步令牌的会话用户才能有权申请设置主同步点。次同步点用于在一个对话单元内部实现数据结构化，只有持有次同步点令牌的会话用户才有权申请设置次同步点。主同步点与次同步点有一些不同。在重新同步时，只可能回到最近的主同步点。每一个插入数据流中的主同步点都被明确地确认。次同步点不被确认。

活动与同步点密切相关。当一个活动开始的时候，同步顺序号复位到1并设置一个主同步点。在一个活动内有可能设置另外的主同步点或次同步点。

（4）OSI 会话服务

会话层可以向用户提供许多服务，为使两个会话服务用户在会话建立阶段，能协商所需的确切的服务，将服务分成若干个功能单元。通用的功能单元包括：

核心功能单元：提供连接管理和全双工数据运输的基本功能。

协商释放功能单元：提供有次序的释放服务。

半双工功能单元：提供单向数据运输。

同步功能单元：在会话连接期间提供同步或重新同步。

活动管理功能单元：提供对话活动的识别、开始、结束、暂停和重新开始等管理功能。

异常报告功能单元：在会话连接期间提供异常情况报告。

上述所有功能的执行均有相应的用户服务原语，每一种原语类型都可能具有 Request（请求）、Indication（指示）、Response（响应）和 Confirm（确认）四种形式。

（5）OSI 会话协议

OS1 的会话层协议填补了传输层所提供的服务与会话用户所要求的服务之间的缝隙。会话服务提供了各种与数据交换的管理和构造有关的服务。

会话协议包含有 34 种会话协议数据单元的类型，会话协议数据单元与会话服务原语之间具有相对应的映射关系，大多数服务原语导致会话协议实体产生并发送一个相应会话协议数据单元。

（七）表示层（Presentation Layer）

表示层以下的各层只关心可靠的数据传输，而表示层关心的是所传输数据的语法和语义。

它主要处理在两个通信系统之间所交换信息的表示方式，包括数据格式变换、数据加密与解密、数据压缩与恢复等功能。

1. 表示层的主要功能

第一，语法转换。将抽象语法转换成传送语法，并在对方实现相反的转换。语法转换功能中涉及数据表示和编码（压缩和加密）内容。

第二，语法协商。根据应用层的要求协商选用合适的上下文，即确定传送语法并传送。

第三，连接管理。用会话层服务建立表示连接，管理在这个连接之上的数据传输和同步控制，正常地或异常地终止这个连接等。

2. 语法转换

（1）数据表示

不同生产厂家的计算机具有不同的内部数据表示。例如，IBM 公司的主机广泛使用 EBCDIC 码，而大多数厂商的计算机喜欢使用 ASCII 码。Intel 公司的 80286 和 80386 芯片从右到左计数它们的字节，而 Motorola 公司的 68020 和 68030 芯片从左到右计数。大多数微型机用 16 位或 32 位整数的补码运算，而 CDC 的 Cyber 机用 60 位的反码。由于表示方法的不同，即使所有的数据正确接收，一台反码机器收到的位模式 FFFO（16 进制）将显示 -15，而一台补码机器将显示 -16。

由于表示方法的不同，即使所有的位模式都正确接收，也不能保证数据含义的不变。而人们所想要的是保留含义，而不是位模式。为了解决此类问题，必须执行转换，可以是发送方转换，也可是接收方转换，或者双方都能向一种标准格式转换。

（2）数据压缩

强调数据压缩的必要性是基于以下几个原因。

首先，随着多媒体计算机系统技术面向三维图形、立体声和彩色全屏幕运动画面实时处理，数字化的视频和音频信号数据的吞吐、传输和存储问题也成了关键问题。一幅具有中等分辨率（640/480）彩色（24 bit/ 像素）数字视频图像的数据量约 7.37 Mbit/ 帧，一个 100 MB 的硬盘只能存放约 100 帧静止图像画面。帧速率 25 帧 / 秒，则视频信号的运输速率大约为 184 Mbit/s。

对于音频信号，以用于音乐用激光唱盘 CD-DA 声音数据为例，采用 PCM 采样，采样频率 44.1kHz，每个采样点量化为 16hit，二通道立体声，100 MB 的硬盘只能存储 10 mins 的录音，由此可见，高效实时地数据压缩对于缓解网络带宽和取得适宜的传输速率是非常必要的。其次，使用网络的费用依赖于运输数据的数量，在运输之前对数据进行压缩将减少传输费用。

（3）网络安全和保密

随着越来越多的人们精通计算机和网络的使用，安全和保密问题在计算机网络中就变得越来越重要了。为保卫网络的安全，最常用的方法是采用保密（加密）措施。在理论上，加密能够在任何一层上实现，但是实际上有三层看来最合适：物理层、传输层和表示层。在物理层加密的方案叫作链路加密（Link Encryption），它的特点是可以对整个报文加密；在传输层实现加密可以提供有效性，因为传输层可以对数据事先进行压缩处理；而在表示层可以有选择地对数据事先加密。

3.OSI 表示服务原语

表示层大部分服务原语与会话层的原语相类似。在实施中，几乎所有的表示服务原语只是穿过表示层到会话层。有些表示服务原语可不加改变直接映射成相应的会话服务原语，即无须产生一个表示协议数据单元。通常与这些原语有关的参数在会话服务原语的用户数据字段中传输。

（八）应用层（Application Layer）

应用层是 OSI 参考模型的最高层。应用层确定进程之间通信的性质以满足用户的需要。这里的进程就是指正在运行的程序。应用层不仅要提供应用进程所需要的信息交换和远地操作，而且还要作为互相作用的应用进程的用户代理，来完成一些为进行语义上有意义的信息交换所必需的功能。应用层直接为用户的应用进程提供电子邮件、文件传输等服务。

1. 电子邮件服务

电子邮件（E-mail）是因特网上用得最多和最受用户欢迎的一种应用。将电子邮件发送到 ISP 的邮件服务器，并存放在收信人的邮箱中（Mailbox）中，收信人可以随时上网到 ISP 的邮件服务器进行读取。电子邮件不仅使用方便，而且还具有传递迅速和费用低廉的特点。现在的电子邮件不仅可以传送文字信息，而且还可以附上声音和图像。

最初的电子邮件系统的功能很简单，电子邮件无标准的内部结构格式，计算机很难对其进行处理。用户接口也不好。用户将电子邮件编辑完毕后必须退出邮件编辑程序，再调用文件传送程序方能传送已编辑好的电子邮件。

2. 文件传输服务

文件传送协议（File Transfer Protocol，FTP）是因特网上使用的最为广泛的文件传送协议。FTP 提供交互式的访问，允许用户指明文件的类型和格式（如指明是否使用 ASCII 码），并允许文件具有存取权限（如访问文件必须经过授权和输入有效口令）。FTP 屏蔽了个计算机系统的细节，因而适合于在异构网络、主机间传输文件。

3. 其他应用服务

第一，目录服务。类似于电子电话本，它提供了在网络上找人会查询的可用服务地址的方法。

第二，远程作业登录。允许用户将作业提交到另一台计算机去执行。

第三，图形。具有发送工程图至远地显示、标绘的功能。

第四，信息通信。用于办公室和家庭的公用信息服务。

第四章　局域网技术基础

第一节　网络常用连接设备

局域网一般由服务器、用户工作站和通信设备等组成。

通信设备主要是实现物理层和介质访问控制（MAC）子层的功能，在网络节点间提供数据帧的传输，包括中继器、集线器、网桥、交换机、路由器、网关等。

一、中继器

在计算机网络中，信号在传输介质中传输时，由于传输介质的阻抗会使信号越来越弱，导致信号衰减失真。当网线的长度超过一定限度后，若想再继续传输下去，必须将信号整理放大，恢复成原来的波形和强度。中继器（Repeater）的主要功能就是将接收到的信号重新整理，使其恢复到原来的波形和强度，然后继续传输下去，以实现更远距离的信号传输。它工作在 OSI 参考模型的最底层（物理层），在以太网中最多可使用 4 个中继器。

二、集线器

集线器（Hub）是单一总线共享式设备，提供很多网络接口，负责将网络中多台计算机连在一起。所谓共享，是指集线器所有端口共用一条数据总线。因此，平均每用户（端口）传递的数据量、速率等受活动用户（端口）总数量的限制。它的主要性能参数有总线带宽、端口数量、智能程度（是否支持网络管理）、可扩展性（是否支持级联和堆叠）等。

集线器的主要功能是对接收到的信号进行再生、整形和放大，以扩大网络的传输距离，同时把所有节点集中在以它为中心的节点上。它工作在物理层，采用广播方式发送数据，当一个端口接收到数据后就向所有其他端口转发。用集线器组建的网络在物理上属于星形拓扑结构，在逻辑上属于总线型拓扑结构。

三、网桥

网桥（Bridge）在数据链路层实现同类网络的互联，它有选择地将数据从某一网段传向另一网段。如果网络负载重而导致性能下降时，可用网桥将其分为两个（或多个）网段，可较好地缓解网络通信繁忙的程度，提高通信效率。

网桥的功能在延长网络跨度上类似于中继器，然而它能提供智能化连接服务，即根据数据帧的目的地址处于哪一网段来进行转发和过滤。网桥对站点所处网段的了解是靠“自学习”实现的。

四、交换机

交换机（Switch）也称为交换式集线器，是一种工作在数据链路层上的、基于MAC地址识别、具有封装转发数据包功能的网络设备。它通过对信息进行重新生成，并经过内部处理后转发至指定端口，具备自动寻址能力和数据交换能力。交换机可以“自学习”MAC地址，并把其存放在内部地址表中，通过在数据帧的始发者和目的接收者之间建立临时的交换路径，使数据帧直接由源地址到达目的地址。

交换机是集线器的升级产品，每一端口都可视为独立的网段，连接在其上的网络设备共同享有该端口的全部带宽。由于交换机根据所传递信息包的目的地址，将每一信息包独立地从源端口传送至目的端口，而不会向所有端口发送，避免了和其他端口发生冲突，从而提高了传输数据的效率。

交换机的主要功能包括物理编址、网络拓扑结构、错误校验、帧序列以及流量控制。目前有些交换机还具备了一些新的功能，如对VLAN（Virtual LAN，虚拟局域网）的支持、对链路汇聚的支持，甚至有的还具有防火墙的功能。

交换机与集线器的区别如下：

1.OSI体系结构上的区别

集线器属于OSI的第一层（物理层）设备，而交换机属于OSI的第二层（数据链路层）设备，这也就意味着集线器只是对数据的传输起到同步、放大和整形的作用，对数据传输中的短帧、碎片等无法进行有效的处理，不能保证数据传输的完整性和正确性；而交换机不但可以对数据的传输做到同步、放大和整形，而且可以过滤短帧、碎片等。

2. 工作方式上的区别

集线器的工作机理是广播（Broadcast），无论是从哪一个端口接收到信息包，都以广播的形式将信息包发送给其余的所有端口，这样很容易产生广播风暴，当网络规模较大时网络性能会受到很大的影响；交换机工作时，只有发出请求的端口和目的端口之间相互响应，不影响其他端口，因此交换机能够隔离冲突域和有效地抑制广播风暴的产生。

3. 带宽占用方式上的区别

集线器不管有多少个端口，所有端口都共享一条带宽，在同一时刻只能有两个端口在发送或接收数据，其他端口只能等待，同时集线器只能工作在半双工模式下；而对于交换机而言，每个端口都有一条独占的带宽，当两个端口工作时并不影响其他端口的工作，同时交换机不但可以工作在半双工模式下，而且可以工作在全双工模式下。

五、路由器

路由器工作在OSI的第三层（网络层），这意味着它可以在多个网络上交换和路由数据包。路由器通过在相对独立的网络中，交换具体协议的信息来实现这个目标。

比起网桥，路由器不但能过滤和分隔网络信息流、连接网络分支，还能访问数据包中更多的信息，并用来提高数据包的传输效率。

路由器中包含一张路由表，该表中有网络地址、连接信息、路径信息和发送代价信息等。路由器转发数据比网桥慢，主要用于广域网或广域网与局域网的互联。

六、网关

网关通过把信息重新包装来适应不同的网络环境。网关能互联异类的网络，网关从一个网络中读取数据，剥去数据的老协议，然后用目的网络的新协议进行重新包装。

网关的一个较为常见的用途是，在局域网中的微型计算机和小型计算机或大型计算机之间进行“翻译”，从而连接两个（或多个）异类的网络。网关的典型应用是当作网络专用服务器。

第二节　IEEE 802 标准

IEEE 802 标准是美国电气电子工程师协会（IEEE）于 1980 年 2 月制定的，因此被称为 IEEE 802 标准，它被美国国家标准协会（American National Standards Institute，ANSI）接受为美国国家标准，随后又被国际标准化组织（ISO）采纳为国际标准，称为 ISO 802 标准。

IEEE 802 委员会认为，由于局域网只是一个计算机通信网，而且不存在路由选择问题，因此它不需要网络层，有最低的两个层次（数据链路层和物理层）就可以；但与此同时，由于局域网的种类繁多，其介质访问控制方法也各不相同，因此有必要将局域网分解为更小而且容易管理的子层。

IEEE 802 为局域网制定了一系列标准，主要有以下几种。

IEEE 802.1 标准：局域网体系结构以及寻址、网络管理和网络互联等。

IEEE 802.2 标准：逻辑链路控制（LLC）子层。

IEEE 802.3 标准：带冲突检测的载波侦听多路访问（Carrier Sense Multiple Access with Collision Detection，CSMA/CD）。

IEEE 802.3u 标准：100Mbps 快速以太网。

IEEE 802.3z 标准：1000Mbps 以太网（光纤、同轴电缆）。

IEEE 802.3ab 标准：1000Mbps 以太网（双绞线）。

IEEE 802.3ae 标准：10000Mbps 以太网。

IEEE 802.4 标准：令牌总线网（Token Bus）。

IEEE 802.5 标准：令牌环网（Token Ring）。

IEEE 802.6 标准：城域网（MAN）。

IEEE 802.7 标准：宽带技术。

IEEE 802.8 标准：光纤分布式数据接口（FDDI）。

IEEE 802.9 标准：综合语音和数据局域网。

IEEE 802.10 标准：局域网安全技术。

IEEE 802.11 标准：无线局域网。

IEEE 802.12 标准：100VG-AnyLAN 优先高速局域网（100Mbps）。

IEEE 802.13 标准：有线电视网（Cable-TV）。

IEEE 802.14 标准：有线调制解调器（已废除）。

IEEE 802.15 标准：无线个人区域网络（蓝牙）。

IEEE 802.16 标准：宽带无线 MAN 标准（WiMAX，微波）。

IEEE 802.17 标准：弹性分组环（Resilient Packet Ring，RPR）可靠个人接入技术。

IEEE 802.18 标准：宽带无线局域网技术咨询组。

IEEE 802.19 标准：无线共存技术咨询组。

IEEE 802.20 标准：移动宽带无线访问。

IEEE 802.21 标准：符合 802 标准的网络与非 802 网络之间的互通。

IEEE 802.22 标准：无线地域性区域网络（Wireless Regional Area Networks，WRANs）工作组。

以太网使用 CSMA/CD 作为介质访问控制方法，其协议为 IEEE 802.3；令牌总线网使用令牌总线作为介质访问控制方法，其协议为 IEEE 802.4；令牌环网使用令牌环作为介质访问控制方法，其协议为 IEEE 802.5；FDDI 是一种令牌环网，采用双环拓扑，以光纤作为传输介质，传输速度为 100Mbps；城域网的标准为 IEEE 802.6，分布式队列双总线（Distributed Queue Dual Bus，DQDB），广播式连接，介质访问控制方法为先进先出（First Input First Output，FIFO）。

第三节　局域网介质访问控制方法

局域网中常见的介质访问控制方法主要有三种：带冲突检测的载波侦听多路访问（CSMA/CD）、令牌环（Token Ring）和令牌总线。

一、带冲突检测的载波侦听多路访问

带冲突检测的载波侦听多路访问控制方法（Carrier Sense Multiple Access with Collision Detection，CSMA/CD）是一种争用型的介质访问控制协议，它只适用于总线型拓扑结构的 LAN，能有效解决总线 LAN 中介质共享、信道分配和信道冲突等问题。

CSMA/CD 的工作原理可概括为 16 个字：“先听后发，边听边发，冲突停止，延时重发”。其具体工作过程概括如下。

第一，发送数据前，先侦听信道是否空闲，若空闲，则立即发送数据。

第二，若信道忙，则继续侦听，在信道空闲时会立即发送数据。

第三，在发送数据时，边发送边继续侦听，若侦听到冲突，则立即停止发送数据，并向总线

上发出一串阻塞信号，通知总线上各站点已发生冲突，使各站点重新开始侦听与竞争信道。

第四，已发出信息的各站点收到阻塞信号后，等待一段随机时间，再重新进入侦听发送阶段。

CSMA/CD 的优点：原理比较简单，技术上易实现，网络中各工作站处于平等地位，不需集中控制，不提供优先级控制。

CSMA/CD 的缺点：需要冲突检测，存在错误判断和最小帧长度（64 字节）限制，网络负载增大时，发送时间增长，发送效率急剧下降。

二、令牌环

令牌环（Token Ring）适用于环形拓扑结构的 LAN，在令牌环网中有一个令牌（Token）沿着环形总线在入网节点计算机间依次传递。令牌实际上是一个特殊格式的控制帧，本身并不包含信息，仅控制信道的使用，确保在同一时刻只有一个节点能够独占信道。当环上节点都空闲时，令牌绕环行进。节点计算机只有取得令牌后才能发送数据帧，因此不会发生“碰撞”。由于令牌在环上是按顺序依次单向传递的，因此对所有入网计算机而言，访问权是公平的。

令牌在工作中有“闲”和“忙”两种状态。“闲”表示令牌没有被占用，即网中没有计算机在传送信息；“忙”表示令牌已被占用，即网中有信息正在传送。希望传送数据的计算机必须首先检测到“闲”令牌，并将它置为“忙”的状态，然后在该令牌后面传送数据。当所传数据被目的节点计算机接收后，数据在网中被除去，令牌被重新置为“闲”。

令牌环网的缺点是需要维护令牌，一旦失去令牌就无法工作，需要选择专门的节点监视和管理令牌。

三、令牌总线

令牌总线（Token Bus）类似于令牌环，但其采用总线型拓扑结构。因此，它既具有 CSMA/CD 的结构简单、轻负载、延时小的优点，又具有令牌环的重负载时效率高、公平访问和传输距离较远的优点，同时还具有传送时间固定、可设置优先级等优点。

令牌总线是在总线的基础上，通过在网络节点之间有序地传递令牌来分配各节点对共享型总线的访问权，形成闭合的逻辑环路示。它采用半双工的工作方式，只有获得令牌的节点才能发送信息，其他节点只能接收信息。为了保证逻辑闭合环路的形成，每个节点都动态地维护着一个链接表，该表记录着本节点在环路中的前趋、后继和本节点的地址，每个节点根据后继地址确定下一个占有令牌的节点。

第四节　以太网技术

Bob 在 ALOHA 网络的基础上，提出总线型局域网的设计思想，并提出冲突检测、载波侦听与随机后退延迟算法，将这种局域网命名为以太网（Ethernet）。

以太网的核心技术是介质访问控制方法 CSMA/CD，它解决了多节点共享公用急线的问题。

每个站点都可以接收到所有来自其他站点的数据，目的站点将该帧复制，其他站点则丢弃该帧。

一、MAC 地址

为了标识以太网上的每台主机，需要给每台主机上的网络适配器（网卡）分配一个全球唯一的通信地址，即 Ethernet 地址或称为网卡的物理地址、MAC 地址。

IEEE 负责为网络适配器制造厂商分配 MAC 地址块，各厂商为自己生产的每块网络适配器分配一个全球唯一的 MAC 地址。MAC 地址长度为 48bit，共 6B，如 00-0D-88-47-58-2C，其中，前 3B 为 IEEE 分配给厂商的厂商代码（00-0D-88），后 3B 为厂商自己设置的网络适配器编号（47-58-2C）。

MAC 广播地址为 FF-FF-FF-FF-FF-FF。如果 MAC 地址（二进制）的第 8 位是 1，则表示该 MAC 地址是组播地址，如 01-00-5E-37-55-4D。

二、以太网的帧格式

以太网的帧是数据在数据链路层的封装形式，网络层的数据包被加上帧头和帧尾后成为可以被数据链路层识别的数据帧（成帧）。虽然帧头和帧尾所用的字节数是固定不变的，但随着被封装的数据包大小的变化，以太网的帧长度也在变化，其范围是 64~1518B（不算 8B 的前导字）。

以太网的帧格式有多种，在每种格式的帧开始处都有 64bit（8B）的前导字符，其中前 7B 为前同步码（7 个 10101010），第 8B 为帧起始标志（10101011）。

Ethernet II 类型以太网帧的最小长度为 64B（6+6+2+46+4=64），最大长度为 1518B（6+6+2+1500+4=1518）。其中前 12B 分别标识出发送数据帧的源节点 MAC 地址和接收数据帧的目的节点 MAC 地址。接下来的 2B 标识出以太网帧所携带的上层数据类型，如十六进制数 0x0800 代表 IP 协议数据，十六进制数 0x809B 代表 AppleTalk 协议数据，十六进制数 0x8138 代表 Novell 类型协议数据等。在不定长的数据字段后是 4B 的帧校验序列（Frame Check Sequence，FCS），采用 32 位 CRC 循环冗余校验，对从“目的 MAC 地址”字段到“数据”字段的数据进行校验。

三、10Mbps 标准以太网

以前，以太网只有 10Mbps 的吞吐量，采用 CSMA/CD 的介质访问控制方法和曼彻斯特编码，这种早期的 10Mbps 以太网称为标准以太网。

以太网可以使用粗同轴电缆、细同轴电缆、非屏蔽双绞线、屏蔽双绞线和光纤等多种传输介质进行连接，并且在 IEEE 802.3 标准中为不同的传输介质制定了不同的物理层标准，在这些标准中前面的数字表示传输速度，单位是 Mbps，最后的一个数字表示单段网线长度（基准单位是 100m），Base 表示“基带传输”。

在局域网发展历史中，10Base-T 技术是现代以太网技术发展的里程碑。

使用集线器时，10Base-T 需要 CSMA/CD，但使用交换机时，则在大多数情况下不需要 CSMA/CD。使用集线器来设计 10Base-5、10Base-2、10Base-T 网络，最关键的一点是遵循

5-4-3-2-1 规则。其中，5：允许最多5个网段；4：在同一信道上允许最多接4个中继器或集线器；3：在其中的3个网段上可增加节点；2：在另外2个网段上，除了做中继器链路外，不能接任何节点；1：上述将组建1个大型的冲突域。

第五节 高速局域网技术

传统局域网技术建立在“共享介质”的基础上，网中所有节点共享一条公共传输介质，典型的介质访问控制方法有 CSMA/CD、令牌环和令牌总线。

介质访问控制方法使得每个节点都能够“公平”地使用公共传输介质，如果网络中节点数目增多，每个节点分配的带宽将越来越少，冲突和重发现象将大量增加，网络效率急剧下降，数据传输的延迟增长，网络服务质量下降。为了进一步提高网络性能，较好的解决方案如下。

第一，增加公共线路的带宽。其优点是仍然保护局域网用户已有的投资。

第二，将大型局域网划分成若干个用网桥或路由器连接的子网。其优点是每个子网作为小型局域网，隔离子网间的通信量，提高网络的安全性。

第三，将共享介质改为交换介质。其优点是：交换式局域网的设备是交换机，可以在多个端口之间建立多个并发连接。交换方式出现后，局域网分为共享式局域网和交换式局域网。

一、100Mbps 快速以太网

100Mbps 快速以太网与 10Mbps 标准以太网相比，仍然采用相同的帧格式、相同的介质访问控制和组网方法，可将速率从 10Mbps 提高到 100Mbps。在 MAC 子层仍然使用 CSMA/CD，在物理层进行必要的调整，定义了新的物理层标准。快速以太网的标准为 IEEE 802.3u。

100Mbps 快速以太网标准定义了介质独立接口 MIL 它将 MAC 子层与物理层隔开，传输介质和信号编码方式的变化不会影响 MAC 子层。

关于 100Mbps 快速以太网的传输介质标准主要有以下三种。

第一，100Base-TX：支持2对5类非屏蔽双绞线或2对1类屏蔽双绞线；其中1对用来发送，1对用来接收。采用 4B/5B 编码方式。可以采用全双工传输方式，每个节点可同时以 100Mbps 速率发送和接收数据，即 200Mbps 带宽。

第二，100Base-T4：支持4对3类非屏蔽双绞线，其中3对用于数据传输，1对用于冲突检测。采用 8B/6T 编码方式。

第三，100Base-FX：支持2芯的单模或多模光纤，主要用于高速主干网，从节点到集线器的距离可达 2km。采用 4B/5B 编码方式和全双工传输方式。

由于 100Base-TX 与 10Base-T 兼容，所以使用更广泛。

二、千兆以太网

千兆以太网是建立在以太网标准基础之上的技术。千兆以太网与大量使用的标准以太网和快速以太网完全兼容，并利用了原以太网标准所规定的全部技术规范，其中包括 CSMA/CD 协议、以太网帧、全双工、流量控制以及 IEEE 802.3 标准中所定义的管理对象。

IEEE 802.3z 标准定义了 1000Base-SX、1000Base-LX、1000Base-CX 这三种千兆以太网标准，IEEE 802.3ab 标准定义了 1000Base-T 千兆以太网标准。

千兆以太网仍采用 CSMA/CD 介质访问控制方法并与现有的以太网兼容。千兆以太网是以交换机为中心的网络。

三、万兆以太网

万兆以太网技术与千兆以太网类似，仍然保留了以太网帧结构。通过不同的编码方式或波分复用提供 10Gbps 传输速度。万兆以太网的标准为 IEEE 802.3ae，它只支持光纤作为传输介质，不存在介质争用问题，不再使用 CSMA/CD 介质访问控制方法，仅支持全双工传输方式。

IEEE 802.3ae 标准定义了 10GBase-SR、10GBase-LR、10GBase-ER 这三种 10Gbps 以太网标准。

第一，10GBase-SR：850nm 短距离模块（现有多模光纤上最长传输距离为 85m，新型 2000MHz/km 多模光纤上最长传输距离为 300m）。

第二，10GBase-LR：1310nm 长距离模块（单模光纤上最长传输距离为 10km）。

第三，10GBase-ER：1550nm 超长距离模块（单模光纤上最长传输距离为 40km）。

第六节　局域网交换技术

一、交换机的工作原理

二层交换技术发展比较成熟。二层交换机属数据链路层设备，可以识别数据包中的 MAC 地址信息，根据 MAC 地址进行转发，并将这些 MAC 地址与对应的端口记录在自己内部的一个 MAC 地址表中。

第一，当交换机从某个端口接收到一个数据帧时，它先读取帧头中的源 MAC 地址，这样它就知道源 MAC 地址的机器是连接在哪个端口上的。

第二，读取帧头中的目的 MAC 地址，并在 MAC 地址表中查找相应的端口。

第三，如果在 MAC 地址表中找不到相应的端口，则把数据帧广播到除了源端口之外的所有其他端口上。当目的机器对源机器回应时，交换机又可以学习到该目的 MAC 地址与哪个端口对应，在下次转发数据时就不再需要对所有端口进行广播了。

第四，如果在 MAC 地址表中有与这目的 MAC 地址相对应的端口，则把数据包直接转发到这个端口上，而不向其他端口广播。

不断循环这个过程，就可以学习到整个网络的 MAC 地址信息，二层交换机就是这样建立和维护它自己的 MAC 地址表的。

在每次添加或更新 MAC 地址表的表项时，添加或更新的表项被赋予一个计时器，计时器用来记录该表项的超时时间，当超时时间到时，该表项将被交换机删除。通过删除过时的表项，交换机维护了一个精确且有用的 MAC 地址表。可见，MAC 地址表中包含了 MAC 地址、端口、超时时间等信息。

二、交换机的帧转发方式

以太网交换机的帧转发方式有以下三种。

第一，直接交换方式（直通方式）。提供线速处理能力，交换机只读出帧的前 14 字节，便将帧传送到相应的端口上，不用判断是否出错，帧出错检测由目的节点完成。直接交换方式的优点是：交换延迟小；其缺点是缺乏错误检查，不支持不同速率端口之间的帧转发。

第二，存储转发交换方式。交换机需要完整接收帧并进行差错检测。存储转发交换方式的优点是：具有差错检测能力，并支持不同速率端口间的帧转发；其缺点是交换延迟将会增大。

第三，改进的直接交换方式（免碎片转发方式）。结合上述两种方式，接收到前 64 字节后，判断帧头是否正确，如果正确则转发。对短帧而言，交换延迟同直接交换延迟；对长帧而言，因为只对帧头（地址和控制字段）检测，交换延退将会减小。

三、冲突域和广播域

在共享式以太网中，由于所有的站点使用同一共享总线发送和接收数据，在某一时刻，只能有一个站点进行数据的发送，如果有另一站点也在该时刻发送数据，这两个站点所发送的数据就会发生冲突，冲突的结果使双方的数据发送均不会成功，都需要重新发送。所有使用同一共享总线进行数据收发的站点就构成了一个冲突域。因此，集线器的所有端口处于同一个冲突域中。

广播域是指能够接收同一个广播消息的集合。在该集合中，任一站点发送的广播消息，处于该广播域中的所有站点都能接收到。所有工作在 OSI 第一层和第二层的站点处于同一个广播域中。

可见，在集线器或中继器中，所有的端口处于同一个冲突域中，同时也处于同一个广播域中。在交换机或网桥中，所有的端口处于同一个广播域中，而不是同一个冲突域中，交换机或网桥的每个端口均是不同的冲突域。由于路由器的每个端口并不转发广播消息，因此路由器的每个端口均是不同的广播域。

四、交换机的互联方式

最简单的局域网通常由一台交换机和若干计算机终端组成。随着企业信息化步伐的加快，计算机数量成倍地增加，网络规模日益扩大，单一交换机环境已无法满足企业的需求，多交换机局域网应运而生。交换机互联技术得到了飞速的发展，交换机的互联方式主要有交换机级联和交换机堆叠两种。

（一）交换机级联

级联是指两台或两台以上的交换机通过一定的方式相互连接，使端口数量得以扩充。交换机级联模式是组建中、大型局域网的理想方式，可以综合利用各种拓扑设计技术和冗余技术来实现层次化的网络结构。常见的 3 层网络是交换机级联的典型例子。目前，中、大型企业网自上而下一般可分为 3 个层次：核心层、汇聚层和接入层。核心层一般采用千兆甚至万兆以太网技术，汇聚层采用 100/1000Mbps 以太网技术，接入层采用 100Mbps 以太网技术。这种结构实际上就是由各层次的多台交换机级联而成的。核心层交换机下连若干台汇聚层交换机，汇聚层交换机下连若干台接入层交换机。

级联既可使用交换机的普通端口，也可使用专用的 Uplink 级联端口。当相互级联的两个端口分别为普通端口（MDI- X）和级联端口（MDI- Ⅱ）时，应当使用直通双绞线。当相互级联的两个端口均为普通端口或均为级联端口时，则应当使用交叉双绞线。

无论是 100Base-TX 快速以太网还是 1000Base-T 千兆以太网，级联交换机所使用的双绞线最大长度均可达到 100m，这个长度与交换机到计算机之间的最大长度完全相同。因此，级联除了能够扩充端口数量之外，还可延伸网络范围。

（二）交换机堆叠

堆叠技术是目前在以太网交换机上扩展端口的又一常用技术，是一种非标准化的技术，各个厂商的交换机之间不支持混合堆叠，堆叠模式由各厂商制定。

堆叠与级联的不同之处主要有以下几点。

第一，使用堆叠技术互连的交换机之间距离必须非常近，一般在几米范围内，相对于级联（一般是 100m，采用光纤级联时距离可更远）来说要小得多。

第二，堆叠只能使用专用的模块和线缆。不是所有的交换机都可以进行堆叠，只有相同品牌的交换机才能使用堆叠技术进行互联。而级联可使用普通端口和 Uplink 端口，交换机级联没有品牌和类型的限制。

第三，使用堆叠技术互连的交换机形成一个堆叠单元，这不仅增加了交换端口，还将提供比级联更好的数据转发性能，这是因为堆叠单元将堆叠交换机背板带宽聚集在一起，而级联只能共享级联端口的带宽。

第五章 IP 地址与子网划分

第一节 IP 协议与网络层服务

一、IP 互联网的工作原理

Internet 是将提供不同服务的、使用不同技术的、具有不同功能的网络互联起来形成的。IP 协议（Internet Protocol，网际协议）精确定义了 IP 数据报格式，并且对数据寻址和路由、数据报分片和重组、差错控制和处理等做出了具体规定。

IP 互联网的工作原理：假设主机 A 发送数据到主机 B，主机 A 的应用层形成的数据经传输层送往网络层处理；网络层将数据封装成 IP 数据包，并决定发送给最近的路由器；主机 A 利用以太网控制程序把 IP 数据包传送到路由器；路由器对数据包进行拆封和处理，如果仍需传输，再封装后利用网络层的广域网控制程序进行传输；经由通信子网传输到主机 B。

二、网络层所提供的服务

网络层提供的服务有以下三种：

第一，不可靠的数据投递服务。IP 不能证实发送的报文是否被正确接收，即不能保证数据包的可靠传递。

第二，面向无连接的传输服务。从源节点到目的节点的数据包可能经过不同的传输路径，而且在传输过程中数据包有可能丢失，也有可能正确到达。

第三，尽最大努力投递服务。IP 数据包虽是面向无连接的不可靠服务，但 IP 并不随意丢弃数据包。只有系统资源用尽、接收数据错误或网络发生故障时，IP 才被迫丢弃数据包。

三、IP 互联网的特点

IP 互联网的特点如下：

第一，IP 互联网隐藏了低层物理网络细节，为用户提供通用的、一致的网络服务。

第二，一个网络只要通过路由器与 IP 互联网中任意一个网络相连，就具有访问整个互联网的能力。

第三，信息可以跨网传输。

第四，网络中的计算机使用统一的、全局的地址描述法。

第五，IP 互联网平等对待互联网中的每一个网络。

四、TCP/IP 相关协议及其应用

随着科技的发展，网络已经成为我们生活中不可缺少的事物，而提到互联网就不得不说到 TCP/IP 协议。本节系统地介绍了 TCP/IP 协议传输文件的方式，包括 TCP/IP 协议的发展历程和它的组成部分以及 TCP 和 UDP 各自传输的原理以及二者适用的应用场景，对比了 TCP 和 UDP 的传输方式，说明了二者传输数据时的准确性和速度存在差别的原因。最后给出了在使用 TCP/IP 协议时的一些建议。

（一）TCP/IP 协议的组成

TCP/IP 协议在一定程度上参考了 OSI 的体系结构。OSI 模型共有七层，从下到上分别是物理层、数据链路层、网络层、运输层、会话层、表示层和应用层。但是这显然是有些复杂的，所以在 TCP/IP 协议中，它们被简化为了四个层次。

第一，应用层、表示层、会话层三个层次提供的服务相差不是很大，所以在 TCP/IP 协议中，它们被合并为应用层一个层次。

第二，由于运输层和网络层在网络协议中的地位十分重要，所以在 TCP/IP 协议中它们被作为独立的两个层次。

第三，因为数据链路层和物理层的内容相差不多，所以在 TCP/IP 协议中它们被归并在网络接口层一个层次里。

只有四层体系结构的 TCP/IP 协议，与有七层体系结构的 OSI 相比要简单了不少，也正是这样，TCP/IP 协议在实际的应用中效率更高，成本更低。

下面将分别介绍 TCP/IP 协议中的四个层次。

应用层：应用层是 TCP/IP 协议的第一层，是直接为应用进程提供服务的。

第一，对不同种类的应用程序它们会根据自己的需要来使用应用层的不同协议，邮件传输应用使用了 SMTP 协议、万维网应用使用了 HTTP 协议、远程登录服务应用使用了有 TEL-NET 协议。

第二，应用层还能加密、解密、格式化数据。

第三，应用层可以建立或解除与其他节点的联系，这样可以充分节省网络资源。

运输层：作为 TCP/IP 协议的第二层，运输层在整个 TCP/IP 协议中起到了中流砥柱的作用。且在运输层中，TCP 和 UDP 也同样起到了中流砥柱的作用。

其一，TCP 主要面向于高准确度的数据传输，且 TCP 只能面向一对一的连接，并且客户端在数据丢失或损坏时会要求服务端重传。

其二，对数据传输的准确度不是很高，但是却要求有较快的速度时，运输层有 UDP 传输协议。UDP 可以面向一对一，一对多、多对一和多对多的连接，UDP 支持对数据不打包、不查错。

网络层：网络层在 TCP/IP 协议中的位于第三层。在 TCP/IP 协议中网络层可以进行网络连接的建立和终止以及 IP 地址的寻找等功能。

网络接口层：在 TCP/IP 协议中，网络接口层位于第四层。由于网络接口层兼并了物理层和数据链路层所以，网络接口层既是传输数据的物理媒介，也可以为网络层提供一条准确无误的线路。

（二）TCP 与 UDP 协议

下面将要介绍的是 TCP/IP 协议的核心—TCP 和 UDP 协议。

TCP 传输协议：TCP 协议是一种可靠的、一对一的、面向有连接的通信协议，TCP 主要通过下列几种方式保证数据传输的可靠性：

第一，在使用 TCP 协议进行数据传输时，往往需要客户端和服务端先建立一个“通道”且这个通道只能够被客户端和服务端使用，所以 TCP 传输协议只能面向一对一的连接。

第二，为了保证数据传输的准确无误，TCP 传输协议将用于传输的数据包分为若干个部分（每个部分的大小根据当时的网络情况而定），然后在它们的首部添加一个检验字节。

当数据的一个部分被接收完毕之后，服务端会对这一部分的完整性和准确性进行校验，校验之后如果数据的完整度和准确度都为 100%，在服务端会要求客户端开始数据下一个部分的传输，如果数据的完整性和准确性与原来不相符，那么服务端会要求客户端再次传输这个部分。

客户端与服务端在使用 TCP 传输协议时要先建立一个“通道”，在传输完毕之后又要关闭这“通道”，前者可以被形象地称为“三次握手”，而后者则可以被称为“四次挥手”。

通道的建立—三次握手：

其一，在建立通道时，客户端首先要向服务端发送一个 SYN 同步信号。

其二，服务端在接收到这个信号之后会向客户端发出 SYN 同步信号和 ACK 确认信号。

其三，当服务端的 ACK 和 SYN 到达客户端后，客户端与服务端之间的这个“通道”就会被建立起来。

通道的关闭—四次挥手：

第一，在数据传输完毕之后，客户端会向服务端发出一个 FIN 终止信号。

第二，服务端在收到这个信号之后会向客户端发出一个 ACK 确认信号。

第三，如果服务端此后也没有数据发给客户端时，服务端会向客户端发送一个 FIN 的终止信号。

第四，客户端在收到这个信号之后会回复一个确认信号，在服务端接收到这个信号之后，服务端与客户端的通道也就关闭了。

以上就是 TCP 协议传输数据的过程。因为 TCP 传输协议有如此繁冗的传输过程，所以 TCP 的传输速度相对于 UDP 的传输速度是比较慢的。

其一，UDP 传输协议：UDP 传输协议是一种不可靠的、面向无连接、可以实现多对一、一对多和一对一连接的通信协议。

其二，UDP 在传输数据前既不需要建立通道，在数据传输完毕后也不需要将通道关闭。只要客户端给服务端发送一个请求，服务端就会一次性地把所有数据发送完毕。

其三，UDP 在传输数据时不会对数据的完整性进行验证，在数据丢失或数据出错时也不会要求重新传输，因此也节省了很多用于验证数据包的时间，所以以 UDP 建立的连接的延迟会比以 TCP 建立的连接的延迟更低。

UDP 不会根据当前的网络情况来控制数据的发送速度，因此无论网络情况是好是坏，服务端都会以恒定的速率发送数据。虽然这样有时会造成数据的丢失与损坏，但是这一点对于一些实时应用来说是十分重要的。

基于以上三点，UDP 在数据传输方面速度更快，延迟更低，实时性更好，因此被广泛地用于通信领域和视频网站当中。

在实际的使用中，TCP 主要应用于文件传输精确性相对要求较高且不是很紧急的情景，比如电子邮件、远程登录等。有时在这些应用场景下即使丢失一两个字节也会造成不可挽回的错误，所以这些场景中一般都使用 TCP 传输协议。由于 UDP 可以提高传输效率，所以 UDP 被广泛应用于数据量大且精确性要求不高的数据传输，比如我们平常在网站上观看视频或者听音乐的时候应用的基本上都是 UDP 传输协议。

（三）MAC 与 IP 地址过滤技术

无线 MAC 与 IP 地址过滤技术是现阶段诸多内部用户使用的技术之一，前者统称是指网络数据链路层节点传送的地址，而后者则属于是网络层节点传送的地址，两者皆属于外部设备访问 WIFI 无线网络过程中进行数据传送的重要网络识别地址。而所谓的 MAC 与 IP 地址过滤技术就是指在进行无线网络设置的时候，提前将 WIFI 无线网络可以识别的 MAC 地址或者是 IP 地址提前的填写到信任列表之中，通过该种方式对用户信息进行有效的保护。

（四）关闭 AP 对外 SSID 广播信息

SSID 其实就是 WIFI 无线网络的一种服务标识，通过对其进行设置，那么就可以使得 WIFI 无线网络的用户在进行使用之前必须进行相应的身份识别验证，未被提前写入信任列表的用户没有权限使用无线网络，而关闭 AP 对外 SSID 广播信息就是为了有效地杜绝不法分子恶意入侵无线网络。

综上所述，伴随着信息技术的不断发展和普及，现如今人们对于信息安全的意识逐年攀升。尤其是在现如今 WIFI 无线网络应用广泛的今天，个人信息安全已经变得越来越重要。本文结合着信息安全以及 WIFI 无线网络信息安全的基本概念，就现阶段基于 WIFI 无线网络环境基础之上衍生的信息安全问题进行了详细阐述，并着重对 WIFI 无线网络环境下的网络安全策略进行了深入探究，希望本文对我国 WIFI 无线网络信息安全等级的提升有所帮助。

TCP/IP 协议因为向用户屏蔽了应用层以下的层次，所以我们很难感受到传输层、网络层和网络接口层的存在。尽管如此，下面的三个层次还是和网络的使用有着密切的关系。即使是发送一封电子邮件，也会经历“三次握手”“四次挥手”等繁冗的连接过程。但也正是因为这样，我们发送的信息才会被对方准确无误地接收到。也正是因此，人类才可以真正地实现“坐地日行八万里”、地球变为“地球村”等以前人类一直追求的梦想。

综上所述，TCP/IP 在我们日常的网络生活中一直发挥着不可估量的作用，它贯穿于我们使用网络的各个场景，而 TCP/IP 协议的强大也在一直地显现着，所以只有更好地将 TCP/IP 运用到网络生活中才能够更好地造福人类。

第二节 IP 地址

一、IP 地址的结构和分类

根据 TCP/IP 协议，连接在 Internet 上的每个设备都必须至少有一个 IP 地址，它是一个 32 位的二进制数，可以用十进制数字形式书写，每 8 个二进制位为一组，用一个十进制数来表示，即 0~255。每组之间用隔开，例如 192.168.43.10。

IP 地址包括 3 个部分：地址类别网络号和主机号（为了方便划分网络，后面将“地址类别”和“网络号”合起来称作“网络号”），这样做的目的是为了方便寻址。IP 地址中的网络号用于标明不同的网络，而主机号用于标明每一个网络中的主机地址。IP 地址主要分为 A、B、C、D、E 这 5 类。

1.A 类大型网

高 8 位代表网络号，后 3 个 8 位代表主机号，网络号的最高位必须是十进制的第 1 组数值所表示的网络号范围为 0~127，由于 0 和 127 有特殊用途，因此，有效的地址范围是 1~126。每个 A 类网络可连接 16777214（$=2^{24}-2$）台主机。

2.B 类中型网

前 2 个 8 位代表网络号，后 2 个 8 位代表主机号，网络号的最高位必须是 10。十进制的第 1 组数值范围为 128~191。每个 B 类网络可连 65534（$=2^{16}-2$）台主机。

3.C 类小型网

前 3 个 8 位代表网络号，低 8 位代表主机号，网络号的最高位必须是 110。十进制的第 1 组数值范围为 192~223。每个 C 类网络可连接 254（$=2^{8}-2$）台主机。

4.D 类、E 类为特殊地址

D 类用于组播（多播）传送，十进制的第 1 组数值范围为 224~239。E 类保留用于将来和实验使用，十进制的第 1 组数值范围为 240~247。

二、特殊 IP 地址

IP 地址空间中的某些地址已经为特殊目的而保留，而且通常并不允许作为主机地址。

（一）网络地址

网络地址用于表示网络本身。具有正常的网络号部分，而主机号部分为全 0 的 IP 地址称为网络地址。如 129.5.0.0 就是一个 B 类网络地址。

（二）广播地址

广播地址用于向网络中的所有设备进行广播。具有正常的网络号部分，而主机号部分为全 1（即 255）的 IP 地址称为直接广播地址。如 129.5.255.255 就是一个 B 类的直接广播地址。

32 位全为 1（即 255.255.255.255）的 IP 地址称为有限广播地址，用于本网广播。

（三）回送地址

网络号部分不能以十进制的 127 开头，在地址中数字 127 保留给系统作诊断用，称为回送地址（回环地址）。如 127.0.0.1 用于回路测试。

（四）私有地址

只能在局域网中使用、不能在 Internet 上使用的 IP 地址称为私有 IP 地址。当网络上的公有地址不足时，可以通过网络地址转换（Network Address Translation，NAT），利用少量的公有地址把大量的配有私有地址的机器连接到公用网络上。

下列地址作为私有 IP 地址。

10.0.0.0~10.255.255.255，表示 1 个 A 类地址。

172.16.0.0~172.31.255.255，表示 16 个 B 类地址。

192.168.0.0~192.168.255.255，表示 256 个 C 类地址。

第三节　子网掩码与子网划分

一、子网掩码

子网掩码用于识别 IP 地址中的网络号和主机号。子网掩码也是 32 位二进制数字，在子网掩码中，对应于网络号部分用 1 表示，主机号部分用 0 表示。由此可知，A 类网络的默认子网掩码是 255.0.0.0；B 类网络的默认子网掩码是 255.255.0.0；C 类网络的默认子网掩码是 255.255.255.0。还可以用网络前缀法表示子网掩码，即“/ < 网络号位数 >”，如 138.96.0.0/16 表示 B 类网络 138.96.0.0 的子网掩码为 255.255.0.0。

通过子网掩码与 IP 地址的按位求“与”操作，屏蔽掉主机号，得到网络号。例如：B 类地址 128.22.25.6，如果子网掩码为 255.255.0.0，按位求“与”后，得到的网络号为 128.22.0.0；如果子网掩码为 255.255.255.0，按位求“与”后，得到网络号为 128.22.25.0。

二、子网划分

我们可以发现，在 A 类地址中，每个网络最多可以容纳 16777214（$=2^{24}-2$）台主机；在 B 类地址中，每个网络最多可以容纳 65534（$=2^{16}-2$）台主机。在网络设计中，一个网络内部不可能有这么多机器；另一方面 IPv4 面临 IP 地址资源短缺的问题。在这种情况下，可以采取划分子网的办法来有效地利用 IP 地址资源。

子网划分是通过借用 IP 地址的若干位主机位来充当子网地址（子网号）从而将原网络划分为若干子网而实现的。划分子网时，随着子网地址借用主机位数的增多，子网的数目随之增加，而每个子网中的可用主机数逐渐减少。

以 C 类网络为例，原有 8 位主机位，2^8=256 个主机地址，默认子网掩码为 255.255.255.0。网络管理员可以将这 8 位主机位分成两部分，一部分作为子网标识；另一部分作为主机标识。作为子网标识的位数为 2~6 位，如果子网标识的位数为则该网络一共可以划分为 2^m-2 个子网（注意子网标识不能全为 1，也不能全为 0），与之对应主机标识的位数为 8–m，每个子网中可以容纳 $2^{8-m}-2$ 个主机（注意主机标识不能全为 1，也不能全为 0）。根据子网标识借用的主机位数，可以计算出划分的子网数、子网掩码、每个子网主机数等。

（一）子网划分的步骤

子网划分的步骤如下：

第一，确定要划分的子网数目以及每个子网的主机数目。

第二，求出子网数目对应二进制数的位数 N 及主机数目对应二进制数的位数 M。

第三，对该 IP 地址的原子网掩码，将其主机地址部分的前 N 位置 1（其余全置 0）或后 M 位置 0（其余全置 1），即得出该 IP 地址划分子网后的子网掩码。

（二）划分子网时的注意事项

第一，在划分子网时，不仅要考虑目前需要，还应了解将来需要多少子网和主机。子网掩码使用较多的主机位，可以得到更多的子网，节约了 IP 地址资源，若将来需要更多子网时，不必再重新分配 IP 地址，但每个子网的主机数量有限；反之，子网掩码使用较少的主机位，每个子网的主机数量允许有更大的增长，但可用子网数量有限。

第二，一般来说，一个网络中的节点数太多，网络会因为广播通信而饱和。所以，网络中的主机数量的增长是有限的，也就是说，在条件允许的情况下，应将更多的主机位用于子网位。

可见，子网掩码的设置关系到子网的划分。子网掩码设置得不同，所得到的子网就不同，每个子网能容纳的主机数目也不同。若设置错误，可能导致数据传输错误。

（三）划分子网的优点

划分子网具有以下优点。

第一，充分利用 1P 地址。由于 A 类网络或 B 类网络的地址空间太大，造成在不使用路由设备的单一网络中无法使用全部 IP 地址，比如，对于一个 B 类网络 172.17.0.0，可以有 65534（$=2^{16}-2$）个主机，这么多的主机在单一的网络下是无法工作的。因此，为了能更有效地利用 IP 地址空间，有必要把可用的 IP 地址分配给更多较小的网络。

第二，简化管理。划分子网还可以简化网络管理。当一个网络被划分为多个子网时，每个子网中的站点数量就会大大减少，每个子网就变得更加容易管理和控制。每个子网的用户、计算机及其子网资源可以让不同的管理员进行管理，减轻了单人管理大型网络的负担。

第三，提高网络性能。在一个网络中，随着网络用户和主机数量的增加，网络通信也将变得繁忙。而繁忙的网络通信很容易导致冲突、丢失数据包以及数据包重传，因而降低了主机之间的通信效率。而如果将一个大型的网络划分为若干个子网，并通过路由器将其连接起来，就可以减少网络拥塞。这些路由器就像一堵墙把子网隔离开来，使本地的通信不会转发到其他子网中，使同一个子网中主机之间进行广播和通信，只能在各自的子网中进行。

第四节　IP 数据报格式

IP 数据报分为两大部分：报文头和数据区，其中报文头只是为了正确传输高层（即传输层）数据而增加的控制信息，数据区包括高层需要传输的数据。

一、IPv4 数据报的主要字段

1. 版本

占 4 位，指明 IP 协议的版本号（一般是 4，即 IPv4），不同 IP 版本规定的数据格式不同。

2. 报头长度

占 4 位，指明数据报报头的长度。以 32 位（即 4B）为单位，当报头中无可选项时，报头的基本长度为 5（即 20B）。

3. 服务类型

占 8 位，其中 3 位用于标识优先级，4 个标志位：D（延迟）、T（吞吐量）、R（可靠性）和 C（代价），另外一位未用。

4. 总长度

占 16 位，数据报的总长度，包括头部和数据，以字节为单位。

5. 标识

占 16 位，源主机赋予 IP 数据报的标识符，目的主机利用此标识来判断此分片属于哪个数据报，以便重组。

当 IP 分组在网上传输时，可能要跨越多个网络，但每个网络都规定了一个帧最多携带的数据量（此限制称为最大传输单元 MTU），当长度超过 MTU 时，就需要将数据分成若干个较小的部分（分片），然后独立发送每个分片。目的主机接收到分片后的数据包后，对分片重新组装（重组）。

6. 标志

占 3 位，告诉目的主机该数据报是否已经分片，是否是最后的分片。

7. 片偏移

占 13 位，指示本片数据在初始 IP 数据报（未分片时）中的位置，以 8B 为单位。

8. 生存时间（Time To Live，TTL）

占 8 位，设计一个计数器，当计数器值为 0 时，数据报被删除，避免循环发送。

9. 协议

占 8 位，指示传输层所采用的协议，如 TCP、UDP 等。

10. 首部校验和

占 16 位，只校验数据报的报头，不包括数据部分。

11.IP 地址

各占 32 位的源 IP 地址和目的 IP 地址分别表示数据报发送者和接收者的 IP 地址，在整个数据报传输过程中，此两字段的值一直保持不变。

12. 可选字段（选项）

主要用于控制和测试。既然是选项，用户可以使用，也可以不使用，但实现 IP 协议的设备必须能处理 IP 选项。

13. 填充

在使用选项的过程中，如果造成 IP 数据报的报头不是 32 位的整数倍，这时需要使用“填充”字段凑齐。

14. 数据部分

本域常包含送往传输层的 TCP 或 UDP 数据。

二、IP 选项

IP 选项主要有以下 3 个。

（一）源路由

指 IP 数据报穿越互联网所经过的路径由源主机指定，包括严格路由选项和松散路由选项。严格路由选项规定 IP 数据报要经过路径上的每一个路由器，相邻的路由器之间不能有其他路由器，并且经过的路由器的顺序不能改变。松散路由选项给出数据报必须要经过的路由器列表，并且要求按照列表中的顺序前进，但是，在途中也允许经过其他的路由器。

（二）记录路由

记录 IP 数据报从源主机到目的主机所经过的路径上各个路由器的 IP 地址，用于测试网络中路由器的路由配置是否正确。

（三）时间戳

记录 IP 数据报经过每一个路由器时的时间（以 ms 为单位）。

第五节　IPv6 协议

IPv4 定义 IP 地址的长度为 32 位，因特网上的每台主机至少分配了 1 个 IP 地址，同时为提高路由效率将 IP 地址进行了分类，造成了 IP 地址的浪费。网络用户和节点的增长不仅导致 IP 地址的短缺，也导致路由表的迅速膨胀。

一、IPv6 的优点

与 IPv4 相比，IPv6 主要有以下的优点：

1. 超大的地址空间

IPv6 将 IP 地址从 32 位增加到 128 位，所包含的 IP 地址数目高达 $2^{128} \approx 10^{40}$ 个。如果所有地址平均散布在整个地球表面，大约每平方米有 10^{24} 个地址，远远超过了地球上的人数。

2. 更好的首部格式

IPv6 采用了新的首部格式，将选项与基本首部分开，并将选项插入到首部与上层数据之间。首部具有固定的 40B 的长度，简化和加速了路由选择的过程。

3. 增加了新的选项

IPv6 有一些新的选项可以实现附加的功能。

4. 允许扩充

留有充分的备用地址空间和选项空间，当有新的技术或应用需要时允许协议进行扩充。

5. 支持资源分配

在 IPv6 中删除了 IPv4 中的服务类型，但增加了流标记字段，可用来标识特定的用户数据流或通信量类型，以支持实时音频和视频等需实时通信的通信量。

6. 增加了安全性考虑

扩展了对认证、数据一致性和数据保密的支持。

二、IPv6 地址

（一）IPv6 的地址表示

IPv6 地址采用 128 位二进制数，其表示格式有以下几种。

1. 首选格式

按 16 位一组，每组转换为 4 位十六进制数，并用冒号隔开。例如“21DA：0000:0000：0000：02AA：000F：FE08:9C5 A”。

2. 压缩表示

一组中的前导 0 可以不写；在有多个 0 连续出现时，可以用一对冒号取代，且只能取代一次。如上面地址可表示为“21DA：0：0：0：2AA：F：FE08：9C5A”或“21DA：：2AA：F；FE08：9C5A”。

3. 内嵌 IPv4 地址的 IPv6 地址

为了从 IPv4 平稳过渡到 IPv6，IPv6 引入一种特殊的格式，即在 IPv4 地址前置 96 个 0，保留十进制点分格式，如“：：192.168.0.1”。

（二）IPv6 掩码

与无类别域间路由（Classless Inter-Domain Routing，CIDR）类似，IPv6 掩码采用前缀表示法，即表示成“IPv6 地址 / 前缀长度”，如“21DA：：2AA：F：FE08：9C5A/64”。

（三）IPv6 地址类型

IPv6 地址有三种类型，即单播、组播和任播。IPv6 取消了广播类型。

1. 单播地址

单播地址是点对点通信时使用的地址，该地址仅标识一个接口。网络负责将向单播地址发送的分组发送到这个接口上。

2. 组播地址

组播地址（前 8 位均为 1）表示主机组，它标识一组网络接口，发送给组播的分组必须交付到该组中的所有成员。

3. 任播地址

任播地址也表示主机组，但它用于标识属于同一个系统的一组网络接口（通常属于不同的节点），路由器会将目的地址是任播地址的数据包发送给距离本地路由器最近的一个网络接口。如移动用户上网就需要因地理位置的不同，而接入离用户距离最近的一个接收站，这样才可以使移动用户在地理位置上不受太多的限制。

当一个单播地址被分配给多于 1 个的接口时，就属于任播地址。任播地址从单播地址中分配，可使用单播地址的任何格式，从语法上任播地址与单播地址没有任何区别。

（四）特殊 IPv6 地址

当所有 128 位都为 0 时（即 0：0：0：0：0：0：0：0），如果主机不知道自己的 IP 地址，在发送查询报文时用作源地址。注意该地址不能用作目的地址。

当前 127 位为 0，而第 128 位为 1. 时（即 0：0：0：0：0：0：0：1），作为回送地址使用。

当前 96 位为 0，而最后 32 位为 IPv4 地址时，用作在 IPv4 向 IPv6 过渡期两者兼容时使用的内嵌 IPv4 地址的 IPv6 地址。

三、IPv6 的数据报格式

IPv6 的数据报由一个 IPv6 的基本报头、多个扩展报头和一个高层协议数据单元组成。基本报头长度为 40B。一些可选的内容放在扩展报头部分实现，这种设计方法可提高数据报的处理效率。IPv6 数据报格式不向下兼容 IPv4。

IPv6 数据报的主要字段有以下几个。

第一，版本。占 4 位，取值为 6，表示是 IPv6 协议。

第二，通信流类别。占 8 位，表示 IPv6 的数据报类型或优先级，以提供区分服务。

第三，流标签。占 20 位，用来标识这个 IP 数据报属于源节点和目的节点之间的一个特定数据报序列。流是指从某个源节点向目的节点发送的分组群中，源节点要求中间路由器进行特殊处理的分组。

第四，有效载荷长度。占 16 位，是指除基本报头之外的数据，包含扩展报头和高层数据。

第五，下一个报头。占 8 位，如果存在扩展报头，该字段的值用于指定下一个扩展报头的类型；如果无扩展报头，该字段的值用于指定高层数据的类型，如 TCP（6）、UDP（17）等。

第六，跳数限制。占 8 位，指 IP 数据报被丢弃之前可以被路由器转发的次数。

第七，源 IP 地址。占 128 位，指发送方的 IPv6 地址。

第八，目的 IP 地址。占 128 位，在大多情况下，该字段为最终目的节点的 IPv6 地址，如果有路由扩展报头，目的地址可能为下一个转发路由器的 IPv6 地址。

第九，IPv6 扩展报头。扩展报头是可选报头，紧接在基本报头之后，IPv6 数据报可包含多个扩展报头，而且扩展报头的长度并不固定，IPv6 扩展报头代替了 IPv4 报头中的选项字段。

IPv6 的基本报头为固定 40B 长，一些可选报头信息由 IPv6 扩展报头实现。IPv6 的基本报头中“下一个报头”字段指定第一个扩展报头类型。每个扩展报头中都包含“下一个报头”字段，用以指定后继扩展报头类型。最后一个扩展报头中的“下一个报头”字段指定高层协议的类型。

扩展报头有以下几种。

第一，逐跳选项报头。类型为 0，由中间路由器处理的扩展报头。

第二，目的站选项报头。类型为 60，用于携带由目的节点检查的信息。

第三，路由报头。类型为 43，用于指定数据报从数据源到目的节点传输过程中需要经过的一个或多个中间路由器。

第四，分片报头。类型为 44。IPv6 对分片的处理类似于 IPv4，该字段包括数据报标识符、分片号和是否终止标识符。在 IPv6 中，只能由源主机对数据报进行分片，源主机对数据报分片后要加分片选项扩展报头。

第五，认证报头。类型为 51，用于携带通信双方进行认证所需的参数。

第六，封装安全有效载荷报头。类型为 52，与认证报头结合使用，也可单独使用，用于携带通信双方进行认证和加密所需的参数。

四、IPv6 的地址自动配置

IPv6 的地址自动配置分为两类：无状态地址配置和有状态地址配置。

（一）无状态地址配置

128 位的 IPv6 地址由 64 位前缀和 64 位网络接口标识符（网卡 MAC 地址，IPv6 中 IEEE 已经将网卡 MAC 地址由 48 位改为 64 位）组成。

如果主机与本地网络的主机通信，可以直接通信，这是因为它们处于同一网络中，有相同的 64 位前缀。

如果与其他网络互联，主机需要从网络中的路由器中获得该网络所使用的网络前缀，然后与 64 位网络接口标识符结合形成有效的 IPv6 地址。

（二）有状态地址配置

自动配置需要DHCPv6服务器的支持，主机向本地连接中的所有DHCPv6服务器发送多点广播“DHCP请求信息”，DHCPv6返回“DHCP应答消息”中分配的地址给请求主机，主机利用该地址作为自己的IPv6地址进行配置。

第六章　虚拟局域网技术

第一节　交换机的管理与基本配置

一、交换机的硬件组成

如同PC一样,交换机或路由器也由硬件和软件两部分组成。硬件包括CPU、存储介质、端口等。软件主要是IOS（Internetwork Operating System，网络间操作系统）。交换机的端口主要有以太网端口（Ethernet）、快速以太网端口（Fast Ethernet）、吉比特以太网端口（Gigabit Ethernet）和控制台端口（Console）等。存储介质主要有RAM、ROM、Flash和NVRAM。

（一）CPU

提供控制和管理交换机功能,包括所有网络通信的运行,通常由称为ASIC的专用硬件来完成。

（二）RAM和ROM

RAM主要用于辅助CPU工作，对CPU处理的数据进行暂时存储；ROM主要用于保存交换机或路由器的启动引导程序。

（三）Flash

用来保存交换机或路由器的IOS程序。当交换机或者路由器重新启动时并不擦除Flash中的内容。

（四）NVRAM

非易失性RAM，用于保存交换机或路由器的配置文件。当交换机或路由器重新启动时并不擦除NVRAM中的内容。

二、交换机的启动过程

Cisco公司将自己的操作系统称为Cisco IOS，它内置在所有Cisco交换机和路由器中。当交换机启动时，将执行以下几个步骤来测试硬件并加载所需的软件。

第一，交换机开机时，先进行开机自检（Power On Self Test，POST），检查硬件以验证设备的所有组件目前是可运行的，例如，检查交换机的各种端口。POST存储在ROM中并从ROM中运行。

第二，Bootstrap检查并加载Cisco IOS操作系统。Bootstrap程序也是存储在ROM中，用于在初始化阶段启动交换机。在默认情况下，所有 Cisco 交换机或路由器都从 Flash 加载 IOS 软件。

第三，IOS 软件在 NVRAM 中查找 startup-config 配置文件，只有当管理员将 running-config 文件复制到 NVRAM 中时才产生该文件。如果 NVRAM 中有 startup-config 配置文件，交换机将加载并运行此文件；如果 NVRAM 中没有 startup-config 文件，交换机将启动 setup 程序以对话方式来初始化配置过程，此过程也称为 setup 模式。

三、交换机的配置模式

一般来说，可通过以下四种方式对交换机进行配置。

第一，通过 Console 端口访问交换机。新交换机在进行第一次配置时必须通过 Console 端口访问交换机。利用 Console 控制线将交换机的 Console 端口和计算机的 COM1 串口连接起来，然后利用计算机上的超级终端等软件对交换机进行配置。

第二，通过 Telnet 访问交换机。如果网络管理员离交换机较远，可通过 Telnet 远程访问交换机，前提是预先在交换机上配置 IP 地址和访问密码，并且管理员的计算机与交换机之间是 IP 可达的。

第三，通过 Web 访问交换机。

第四，通过 SNMP 网络管理工作站访问交换机。

在以上四种管理交换机的方式中，后三种方式都要连接网络，都会占用网络带宽，又称带内管理。交换机首次使用时，必须采用第一种方式对交换机进行配置，这种方式并不占用网络带宽，通过 Console 控制线连接交换机和计算机，又称为带外管理。

四、交换机的命令行操作模式

交换机的命令行操作模式主要包括：用户模式、特权模式、全局配置模式、端口模式等。

（一）用户模式

进入交换机后的第一个操作模式，在该模式下可以简单查看交换机的软、硬件版本信息，并进行简单的测试。用户模式提示符为“Switch >”。

（二）特权模式

在用户模式下，输入 enable 命令可进入特权模式，在该模式下可以对交换机的配置文件进行管理，查看交换机的配置信息，进行网络的测试和调试等。特权模式提示符为“Switch#”。

（三）全局配置模式

在特权模式下，输入 configure terminal 命令可进入全局配置模式，在该模式下可以配置交换机的全局性参数（如主机名、登录信息等）。在该模式下可以进入下一级的配置模式，对交换机具体的功能进行配置。全局配置模式提示符为“Switch（config）#”。

（四）各种特定配置模式

在全局配置模式下，输入“interface 接口类型接口号”命令，如 interface fastethernet0/1 可进入端口配置模式，在该模式下可以对交换机的端口参数进行配置。端口配置模式提示符为“Switch（config-if）#”。

使用 exit 命令可退回到上一级操作模式。按下 Ctrl+Z 组合键或用 end 命令可以使用户从特权模式以下级别直接返回到特权模式。

交换机命令行支持获取帮助信息、命令的简写、命令的自动补齐、快捷键功能等。

五、交换机的口令基础

每台交换机都应该设置它所需要的口令（密码），IOS 可以配置控制台口令（用户从控制台进入用户模式所需的口令）、AUX 口令（从辅助端口进入用户模式所需的口令），Telnet 或 VTY 口令（用户远程登录的口令）。此外，还有 Enable 口令（从用户模式进入特权模式所需的口令）。

Enable 口令设置命令有两个：Enable password 和 Enable secreto 用 Enable password 设置的口令没有经过加密，在配置文件中以明文显示；而用 Enable secret 设置的口令是经过加密的，在配置文件中以密文显示。而且，Enable password 命令的优先级没有 Enable secret 高，这意味着，如果用 Enable secret 设置过口令，则用 Enable password 设置的口令就会无效。

第二节 虚拟局域网技术

一、VLAN 的工作原理

虚拟局域网（Virtual Local Area Network，VLAN）是一种将局域网设备从逻辑上划分成一个个网段，从而实现虚拟工作组的新兴数据交换技术。

VLAN 可以不考虑用户的物理位置，而根据部门、功能、应用等因素将用户从逻辑上划分为一个个功能相对独立的工作组，每个用户主机都连接在一个支持 VLAN 的交换机端口上并属于某一个 VLAN。同一个 VLAN 中的成员都共享广播，形成一个广播域，而不同 VLAN 之间广播信息是相互隔离的。这样，可将整个网络分割成多个不同的广播域。一般来说，如果某一 VLAN 中的工作站发送了一个广播，那么属于这个 VLAN 的所有工作站都会接收到该广播，但是交换机不会将该广播发送至其他 VLAN 上的任何一个端口。如果要在 VLAN 之间传送信息，就要用到路由器。

IEEE 802 委员会发布了 IEEE 802.IQ VLAN 标准。目前，该标准得到了全世界重要网络设备厂商的支持。VLAN 技术的出现，使得网络管理员能够根据实际应用需求，把同一物理局域网内的不同用户逻辑地划分成不同的广播域，每一个 VLAN 都包含一组有着相同需求的工作站，与物理上形成的 LAN 有着相同的属性。由于它是从逻辑上划分，而不是从物理上划分，所以同一个 VLAN 内的各个工作站没有限制在同一个物理范围中，即这些工作站可以在不同物理 LAN 网段。由 VLAN 的特点可知，一个 VLAN 内部的广播和单播流量都不会转发到其他 VLAN 中，从而有助于控制流量、减少设备投资、简化网络管理、提高网络的安全性。

交换式以太网利用 VLAN 技术，在以太网帧的基础上增加了 VLAN 头部，该 VLAN 头部中含有 VLAN 标识符，用来指明发送该帧的工作站属于哪一个 VLAN。

（一）控制网络中的广播风暴

采用 VLAN 技术后，可将某个交换端口划到某个 VLAN 中，而一个 VLAN 中的广播风暴不会传播到其他 VLAN，不会影响其他 VLAN 的通信效率和网络性能。一个 VLAN 就是一个逻辑广播域。通过对 VLAN 的创建，隔离了广播，缩小了广播范围，可以控制广播风暴的产生。

（二）确保网络安全

共享式局域网之所以很难保证网络的安全性，是因为只要用户接入任意一个活动端口，就能访问到整个网络。而 VLAN 能限制个别用户的访问，控制广播组的大小和位置，可以控制用户访问权限和逻辑网段大小。将不同用户群划分在不同 VLAN，从而提高交换式网络的整体性能和安全性。

（三）简化网络管理，提高组网的灵活性

对于交换式以太网，假如对某些用户重新进行网段分配，需要网络管理员对网络系统的物理结构重新进行调整，甚至需要追加网络设备，从而增加了网络管理的工作量。而对于采用 VLAN 技术的网络来说，一个 VLAN 可以根据部门职能、对象组或者应用，将不同地理位置的网络用户划分为一个逻辑网段。在不改动网络物理连接的情况下，可以任意地将工作站在工作组或子网之间移动。利用 VLAN 技术，大大减轻了网络管理和维护工作的负担，降低了网络维护费用。在一个交换式网络中，VLAN 提供了网段和机构的弹性组合机制。

二、VLAN 的划分方法

VLAN 技术是建立在交换技术基础之上的，将局域网中的节点按工作性质和需要划分成若干个逻辑工作组，一个逻辑工作组就是一个 VLAN。

VLAN 以软件方式实现逻辑工作组的划分和管理，工作组中的节点不受物理位置的限制（相同工作组的节点不一定在相同的物理网段上，只要能够通过交换机互联）。节点从一个工作组迁移到另一个工作组时，只要通过软件设定，无须改变节点在网络中的物理位置。

VLAN 的划分方法主要有以下四种。

第一，根据交换机端口号。逻辑上将交换机端口划分为不同的 VLAN，当某一端口属于某一个 VLAN 时，就不能属于另外一个 VLAN。该方法的缺点是：当将节点从一个端口转移到另一个端口时，网络管理员需要重新配置 VLAN 成员。

第二，根据 MAC 地址。利用 MAC 地址定义 VLAN。因为 MAC 地址是与物理位置相关的，因此也称为基于用户的 VLAN。其缺点主要是：所有用户初始时必须配置到至少一个 VLAN 中，初始配置需人工完成，用户数越多，工作量越大。其优点是随后可自动跟踪用户。

第三，根据 IP 地址。利用 IP 地址定义 VLAN。用户可按 IP 地址组建 VLAN，节点可随意移动而不需要重新配置。其缺点主要是：性能比较差，因为检查 IP 地址比检查 MAC 地址更费时。

第四，根据 IP 广播组。基于 IP 广播组动态建立 VLAN。广播包发送时，动态建立 VLAN，广播组中的所有成员属于同一个 VLAN，它们只是特定时间内的特定广播组成员。其优点是：可根据服务灵活建立，可跨越路由器和广域网。

三、Trunk 技术

Trunk 是指主干中继链路（Trunk Link），它是在不同交换机之间的一条链路，可以传递不同 VLAN 的信息。Trunk 的用途之一是实现 VLAN 跨越多个交换机进行定义。要想使 VLAN1、VLAN2 可以跨越交换机定义，要求连接交换机的链路能够通过不同 VLAN 的信号，所以需要把连接两台交换机的线路设置成 Trunk。

Trunk 技术有多种不同的技术标准，其中比较常见的有以下两个：

第一，IEEE 802.1Q 标准。这种标准在每个数据帧中加入一个特定的标识，用以识别每个数据帧属于哪个 VLAN。IEEE 802.1Q 属于通用标准，许多厂家的交换机都支持此标准。

第二，ISL 标准。这是 Cisco 特有的标准，它只能用于 Cisco 公司生产的交换机产品，其他厂家的交换机不支持。Cisco 交换机与其他厂商的交换机相连时，不能使用 ISL 标准，只能采用 802.1 Q 标准。

四、VLAN 中继协议

在通常情况下需要在整个园区网或者企业网中的一组交换机中保持 VLAN 数据库的同步，以保证所有交换机都能从数据帧中读取相关的 VLAN 信息并进行正确的数据转发。然而，对于大型网络来说，可能有成百上千台交换机，而一台交换机上都可能存在几十乃至数百个 VLAN，如果仅凭网络管理员手工配置，工作量是非常大的，并且也不利于日后维护—每一次添加修改或删除 VLAN 都需要在所有的交换机上部署。

VLAN 中继协议(VLAN Trunking Protocol，VTP)，也称为 VLAN 干线协议，是 Cisco 的专用协议，可解决各 Cisco 交换机 VLAN 数据库的同步问题。使用 VTP 协议可以减少 VLAN 相关的管理任务，把一台交换机配置成 VTP Server，其余交换机配置成 VTP Client，这样它们可以自动学习到 VTP Server 上的 VLAN 信息。

（一）VTP 域

VTP 使用“域”来组织管理互连的交换机，并在域内的所有交换机上维护 VLAN 配置信息的一致性。VTP 域是指一组有相同 VTP 域名并通过 Trunk 端口互连的交换机。每个域都有唯一的名称，一台交换机只能属于一个 VTP 域，同一域中的交换机共享 VTP 消息。VTP 消息是指创建、删除 VLAN 和更改 VLAN 名称等信息，它通过 Trunk 链路进行传播。

（二）VTP 工作模式

VTP 有三种工作模式：VTP Server、VTP Client 和 VTP transparent。

第一，新交换机出厂时，所有端口均预配置为 VLAN1，VTP 工作模式预配置为 VTP Server。在一般情况下，一个 VTP 域内只设一个 VTP Server。VTP Server 负责维护该 VTP 域中所有 VLAN 的配置信息，VTP Server 可以建立、删除或修改 VLAN。在一台 VTP Server 上配置一个新的 VLAN 时，该 VLAN 的配置信息将自动传播到本域内的所有处于 VTP Server 或 VTP Client

模式的其他交换机，这些交换机会自动地接收这些配置信息，使其VLAN的配置信息与VTP Server保持一致，从而减少在多台设备上配置同一个VLAN信息的工作量，而且保持了VLAN配置信息的一致性。

第二，VTP Client虽然也可以维护所有VLAN信息列表，但其VLAN的配置信息是从VTP Server学到的，VTP Client不能建立、删除或修改VLAN。

第三，VTP transparent相当于是一台独立的交换机，它不参与VTP工作，不从VTP Server学习VLAN的配置信息，而只拥有本设备上自己维护的VLAN信息。VTP transparent可以建立、删除和修改本机上的VLAN信息，可以转发从其他交换机传递来的任何VTP消息。

（三）VTP修剪

VTP修剪（VTP Pruning）功能使VTP智能地确定在Trunk链路另一端指定的VLAN上是否有设备与之相连。如果没有，则在Trunk链路上裁剪不必要的广播信息。通过修剪，只将广播信息发送到真正需要这个信息的Trunk链路上，从而增加可用的网络带宽。

第七章　广域网

第一节　广域网概述

一、广域网简介

广域网是一个地理覆盖范围超过局域网的数据通信网络。如果说局域网技术主要是为实现共享资源这个目标而服务，那么广域网则主要是为了实现大范围内的远距离数据通信，因此广域网在网络特性和技术实现上与局域网存在明显的差异。

在广域网中通常需要经过若干中间结点的转接才能完成线路或数据的连接，即广域网的通信子网由诸多交换结点和连接这些交换结点的线路构成。通过广域网进行数据通信，需要用到数据交换技术。

从局域范围到城域范围，即使不使用专用的城域网技术，现代局域网技术也能有效地运行了。但是当网络连接的距离扩大到地区、省、整个国家乃至全球时，局域网技术就无能为力了。这是因为局域网的物理层协议和数据链路层协议不支持远距离传输和复杂的广域环境。这时就需要另一种采用完全不同的技术和实现规则的网络，这就是广域网（Wide Area Network，WAN）。广域网又称远程网，广域网的拓扑结构通常是由大量的点到点连接构成的网状结构。广域网包括两种基本的部件：结点交换机和连接结点交换机的传输线路。有时也将连接结点交换机和用户设备之间的线路包括在广域网中。广域网中的传输线路可以使用双绞线、大多数电缆或光纤。

广域网的基础是电信网络，广域网是在电信网络的基础上增加专用的交换设备来实现的，如X.25交换机、帧中继交换机、ISDN交换机、xDSL交换机等。

广域网有着和局域网完全不同的运行环境。在局域网中，所有的设备和网络的带宽都由用户自己掌握，可以任意使用、维护和升级。但在广域网中，用户无法拥有建立广域连接所需要的所有技术设备和通信设施，只能由第三方通信服务商（即电信部门）提供。这样一来，整个网络的设计、安装、使用和维护都要依赖于电信部门。特别是广域网的带宽要比局域网昂贵得多，除了安装和调试费用外，用户还要根据所租用的带宽支付月租费。在局域网中，100 Mbit/s的速率是很平常的，但在广域网中，2Mbit/s的速率就已经是相当可观的了。由于广域网中带宽的使用要花费很高的费用，所以在建设广域网时，应根据具体应用的需求和特点以及所能承担的费用来选择合适的广域网技术。

广域网的一些应用实例：

1. 连接距离相隔很远的两个局域网

2. 移动用户远程访问企业内部网络

3. 因特网接入，这是广域网最典型的应用

4. 远地的办事处访问公司总部的局域网

5. 银行的自动取款机与主机的连接

6. 民航的售票终端与主机的连接

二、广域网与局域网的区别

与局域网相比，广域网的特点非常明显。

第一，广域网的地理覆盖范围在百千米以上，远远超出局域网通常为几千米到几十千米的小覆盖范围。

第二，如前所述，局域网主要是为了实现小范围内的资源共享而设计的，而广域网则主要用于互联广泛地理范围内的局域网。

第三，局域网通常采用基带传输方式，而广域网为了实现远距离通信通常要采用载波形式的频带传输或光传输。

第四，与局域网的私有性不同，广域网通常是由公共通信部门来建设和管理的，他们利用各自的广域网资源向用户提供收费的广域网数据传输服务，所以其又被称为网络服务提供商，用户如需要此类服务则需要向广域网的服务提供商提出申请。

第五，在网络拓扑结构上，广域网更多地采用网状拓扑，其原因在于广域网由于其地理覆盖范围广，因此网络中两个结点在进行通信时，数据一般要经过较长的通信线路和较多的中间结点，中间结点设备的处理速度、线路的质量及传输环境的噪声都会影响广域网的可靠性，采用基于网状拓扑的网络结构，可以大大提高广域网链路的容错性。

三、数据交换技术

数据通信的目的就是要完成计算机之间、计算机与各种数据终端之间的信息传递。为了实现数据通信，必须进行数据传输，即将位于一地的数据源发出的数据信息通过数据通信网络送到另一地的数据接收设备。通常，为了提高线路的利用率和降低线路的费用，网络中任意两个结点间的通信不大可能都建立在一条完整的通信线路上，而是通过两条乃至更多条的通信线路。把数据从一条线路转接到另一条线路上，称为数据交换。

由于广域网地域跨度极大，任意两个结点间都铺设一条线路既不经济也不现实，因此，广域网中的数据通信都要经过数据交换过程。在广域网中，进行数据交换的结点称为交换结点，而实现数据交换的设备称为交换机构。交换机构的功能就是将一个输入端口与一个输出端口对应起来，将接入的输入线路上的数据转接到相应的输出线路上。

数据交换技术经历了电路方式、报文方式、分组方式、帧方式、信元方式等多个阶段。

（一）电路交换

电路交换又称线路交换，类似于电话交换方式，两台计算机通过通信子网进行数据传输之前，首先要在通信子网中建立一条实际的物理连接。事实上，早期的广域网连接很多都通过公共电话交换网（PSTN），由电话交换完成物理连接。

电路交换由一方发起呼叫，独占一条物理线路。当交换机完成连接，对方收到发起端的信号，双方即可进行通信。

1. 电路交换的三个过程

（1）电路建立

在传输任何数据之前，要先经过呼叫过程建立一条端到端的电路。若 H1 站与 H3 站连接，典型的做法是 H1 站先向与其相连的 A 结点提出请求，然后 A 结点在通向 C 结点的路径中找到下一个支路。比如 A 结点选择经 B 结点的电路，在此电路上分配一个未用的通道，并告诉 B 它还要连接 C 结点；结点 C 完成到 H3 站的连接。这样 A 与 C 之间就有一条专用电路 A–B–C，用于 HI 站与 H3 站之间的数据传输。

（2）数据传输

电路 A–B–C 建立以后，数据就可以从 A 发送到 B，再由 B 交换到 C；C 也可以经 B 向 A 发送数据。在整个数据传输过程中，所建立的电路必须始终保持连接状态。

（3）电路拆除

数据传输结束后，由某一方（A 或 C）发出拆除请求，然后逐节拆除到对方结点。

2. 电路交换技术的优缺点及其特点

第一，优点：数据传输可靠、迅速，数据不会丢失且保持原来的序列。

第二，缺点：在某些情况下，电路空闲时的信道容易被浪费，在短时间数据传输时电路建立和拆除所用的时间得不偿失。因此，它适用于系统间要求高质量的大量数据传输的情况，不同类型终端用户之间不能通信。

第三，特点：在数据传送开始之前必须先设置一条专用的通路。在线路释放之前，该通路由一对用户完全占用。对于猝发式的通信，电路交换效率不高。

电路交换比较适用于信息量大，经常使用的固定用户之间的通信。严格地说电路交换只是物理线路的一个延伸，只进行比特流的转发，其位置处于物理层。其他的数据控制功能则需要由上层或由 MODEM 来承担。

（二）报文交换

问题的提出：当端点间交换的数据具有随机性和突发性时，采用电路交换方法的缺点是信道容量和有效时间的浪费。采用报文交换则不存在这种问题。

报文交换实际上是一种存储－转发交换（Store and Forward Switching）。对于一些非实时数据，交换结点先把待传输数据存储起来，等线路空闲的时候再转发到下一结点，下一结点如还是交换结点，则仍存储数据，并继续向目标结点方向转发。

报文交换的源结点以报文为单位进行数据发送，交换结点按报文存储转发，每次转发到一个相邻线路，直到数据到达目标结点为止。所谓报文就是源结点拟发的数据块，如一个数据文件或一条控制信息，其大小并不一定相等。在交换中，报文作为一个整体进行传输。

报文交换的优点是中继线路利用率高，可供多个用户同时在一条线路上传输，可实现不同速率、不同规程终端通信；其缺点是以报文为单位进行存储转发，网络传输时延较大，且占用大量的内存和外存，不能满足对实时性要求高的用户。有时结点收到过多的数据而无空间存储或不能及时转发时，就不得不丢弃报文，而且发出的报文不能按顺序到达目的地。

报文交换适用于传输报文较短、实时性要求较低的网络用户之间的通信，但现在已基本被分组交换等方式所取代。报文交换在进行数据转发时，可以对数据进行简单的差错和流量控制，其位置基本上处于数据链路层。

（三）分组交换（Packet Switch）

分组交换实际上也是一种存储－转发交换，兼有线路交换和报文交换的优点。分组交换的源结点先把长的报文分割成若干较短的报文分组，然后再以分组为单位进行数据发送。与报文交换不同，分组交换的分组必须要有分组编号，以便分组到目标结点后重装成报文。它是计算机网络中使用最广泛的一种交换技术。

分组交换的优点是分组较小且分散，因此数据传输灵活，转发时延小，转发差错少，便于转发控制，允许传输打断；缺点是分组中必须要带有分组编号，增加网络开销，目标结点需要对分组重装，增加系统开销。分组交换比电路交换的线路利用率高，比报文交换的传输时延小，交互性好。其位置基本上也处于数据链路层。

分组交换提供两种不同的服务，虚电路服务和数据报服务，虚电路是面向连接的服务，而数据报是面向非连接的服务。

1. 虚电路（Virtual Circuit）

在虚电路分组交换中，为了进行数据传输，网络的源结点和目的结点之间要先建一条逻辑通路。每个分组除了包含数据之外还包含一个虚电路标识符。在预先建好的路径上的每个结点都知道把这些分组引导到哪里去，不再需要路由选择判定。最后，由某一个站用清除请求分组来结束这次连接。它之所以是“虚”的，是因为这条电路不是专用的。

虚电路分组交换的主要特点是：在数据传送之前必须通过虚呼叫设置一条虚电路。但并不像电路交换那样有一条专用通路，分组在每个结点上仍然需要缓冲，并在线路上进行排队等待输出。

2. 数据报（Data Gram）

在数据报分组交换中，每个分组的传送是被单独处理的。每个分组称为一个数据报，每个数据报自身携带足够的地址信息。一个结点收到一个数据报后，根据数据报中的地址信息和结点所存储的路由信息，找出一个合适的出路，把数据报原样地发送到下一结点。由于各数据报所走的路径不一定相同，因此不能保证各个数据报按顺序到达目的地，有的数据报甚至会中途丢失。整个过程中，没有虚电路建立，因此要为每个数据报做路由选择。

3. 虚电路与数据报的异同

虚电路与数据报同属于分组交换，但虚电路更接近于电路交换，而数据报更接近于报文交换，因此具有以下区别。

第一，虚电路有连接过程，数据报无连接过程。

第二，虚电路提供有连接的服务，数据报提供无连接的服务。

第三，虚电路按相同的路径传输数据，数据报可按不同的路径传输数据。

第四，虚电路分组按发送顺序接收，数据报分组可不按发送顺序接收。

第五，虚电路分组附加地址信息少，数据报分组附加地址信息多。

第六，虚电路适合长报文通信，数据报适合突发性短报文通信。

（四）帧交换

帧交换方式的典型技术就是帧中继（Frame Relay），这是在 20 世纪 80 年代发展起来的一种数据通信技术。帧中继技术实际是对分组交换的一种改进，因而也可以看作是一种快速的分组交换。随着传输技术的发展，数字光纤网络和各种高性能设备的出现，数据传输误码率大大降低，原来分组通信的差错恢复机制开始显得过于烦琐。

帧中继就是一种减少结点处理时间的技术。帧中继将分组通信的三层协议简化为两层，简化了差错控制、流量控制和路由选择等功能，内部的纠错功能很大一部分都交由用户终端设备来完成，从而大大缩短了处理时间，提高了效率。

帧中继在结点交换过程中，中间结点在接收完帧首部分后就开始进行帧的转发，而不再等待帧的完全到达与检验，这样就大大减少了交换时延。但当帧完全接收并检验，发现差错时，帧可能已经经过多个交换结点甚至到达目的端了，这样帧中继网络需要向后继结点发出终止转发的指令，并请求源端对该帧进行重发。帧中继网络处理一个比特的差错所消耗的时间将比分组交换网络稍多，只有在网络传输差错率非常低时，才有实现的可能。

帧中继技术主要用于传递数据业务，它使用一组规程将数据信息以帧的形式有效地进行传送。帧中继所使用的是逻辑连接，而不是物理连接，在一个物理连接上可复用多个逻辑连接（即可建立多条逻辑信道），可实现带宽的复用和动态分配。

帧中继的帧信息长度远比一般的分组长度要长，最大帧长度可达 1600 B/ 帧，适合于封装局域网的数据单元和传送突发业务（如压缩视频业务、WWW 业务等）。

（五）信元交换

信元交换技术以固定长度的信元（Cell）为单位，在数据链路层上进行数据交换。信元交换的特点是具有高度灵活性、高速传输、支持广播传送。

典型的信元交换技术是异步传输模式（Asynchronous Tranfer Mode，ATM）。ATM是在分组交换的基础上发展起来的。由于光纤通信提供了低误码率的传输通道，ATM进一步简化了网络，不再提供任何数据链路层功能，而将差错控制和流量控制工作都交给终端去完成。

ATM信元由固定长度的5B信头加48 B信息段构成。信头用于存放信元的路径及其他控制信息，信元的交换控制根据信头来进行。由于信元长度固定，ATM网络将信道时间划分为等长的时段，每个时段都可以传送一个信元，这其实就是一种时分复用信道的形式。ATM网络只负责信元的交换和传送，它通过信头来识别通路，只要信道空闲，就将信元投入信道，从而使传输时延减小。

ATM实际也可以看成是一种快速的分组交换方式，ATM信元也就相当于分组。ATM连接都采用虚电路的方式实现，只有真正发送信元时，才占用网络资源。通常采用的连接方式有虚通道连接、虚通路连接。

第二节 公共传输系统及其接入技术

在广域网建设中，由用户自己铺设线路建立物理连接不仅不现实也不经济，因此绝大多数广域网均是基于电信公司建立的公共传输系统之上的。电信网络是一个国家不可缺少的信息基础设施。电信网络既可以是模拟的，如传统的电话网络，也可以是数字的，如ISDN。

电信网络，现在已基本实现了从模拟传输到数字传输的转变，并成为一个能够传输语音、数据、图像和视频信息的综合数字通信系统。在电信网络的发展过程中，其总的趋势是用数字技术取代模拟技术。现在，除了电话系统的本地用户环路外，现代电信网络已基本实现了数字传输。

一、公共交换电话网

电话在人们的生活中是不可缺少的一部分。目前已进化为具有高度冗余、多层次的数字语音传输网络。电话系统是一个典型的电路交换网络，因此通常也将其称为公共交换电话网（Public Switched Telephone Network，PSTN）。

PSTN是目前普及程度最高、成本最低的公用通信网络，它在网络互连中也有广泛的应用。PSTN的应用一般可分为两种类型，一种是同等级别机构之间以拨号的方式实现互连，另一种是ISP为拨号上网用户提供的远程访问服务的功能。

二、公共传输系统接入方式

在广域网建设中，一个重要的问题就是大范围的线路铺设问题。如果由用户自行铺设线路，往往将面临巨额的投资和冗长的工期，除少数特殊用户（如军事部门），一般用户都无法承受线路铺设所面临的各种问题。因而，由电信部门建立起来的公共传输系统，成为广域网连接的必要基础。通过公共传输系统进行广域网的连接，也就成为广域网建设最常用的方式。

第三节　X.25 分组交换网

X.25 网就是 X.25 分组交换网，它是在二十多年前根据 CCITT（即现在的 ITU–T）的 X.25 建议书实现的计算机网络。X.25 网在推动分组交换网的发展中曾做出了很大的贡献。但是，现在已经有了性能更好的网络来代替它，如帧中继网或 ATM 网。

X.25 只是一个对公用分组交换网接口的规约。X.25 所讨论的都是以面向连接的虚电路服务为基础。

DTE 与 DCE 的接口实际上也就是 DTE 和公用分组交换网的接口。由于 DCE 通常是用户设施，因此可将 DCE 画在网络外面。

从以上的简单介绍就可看出，X.25 分组交换网和以 IP 协议为基础的因特网在设计思想上有着根本的差别。因特网是无连接的，只提供尽最大努力交付的数据报服务，无服务质量可言。而 X.25 网是面向连接的，能够提供可靠交付的虚电路服务，能保证服务质量。正因为 X.25 网能保证服务质量，在二十多年前它曾经是颇受欢迎的一种计算机网络。

早先，计算机的价格很贵，许多用户只用得起廉价的哑终端（连硬盘都没有）。当时通信线路的传输质量一般都较差，误码率较高。X.25 网的设计思路是将智能做在网络内。X.25 网在每两个结点之间的传输都使用带有编号和确认机制的 HDLC 协议，而网络层使用具有流量控制的虚电路机制，可以向用户的哑终端提供可靠交付的服务。但是到了 20 世纪 90 年代，情况就发生了很大的变化。通信主干线路已大量使用光纤技术，数据传输质量大大提高，使得误码率降低好几个数量级，而 X.25 十分复杂的数据链路层协议和分组层协议已成为多余。PC 机的价格急剧下降使得无硬盘的哑终端退出了通信市场。这正好符合因特网当初的设计思想：网络应尽量简单而智能，应尽可能放在网络以外的用户端。虽然因特网只提供尽最大努力交付的服务，但具有足够智能的用户 PC 机完全可以实现差错控制和流量控制，因而因特网仍能向用户提供端到端的可靠交付。

这样，到了 20 世纪末，无连接的、提供数据报服务的因特网最终演变成为全世界最大的计算机网络，而 X.25 分组交换网却退出了历史舞台。

值得注意的是，当利用现有的一些 X.25 网来支持因特网的服务时，X.25 网就表现为数据链路层的链路。假设路由器 B 和 C 之间是 X.25 网络。在 B 和 C 之间建立的 X.25 虚电路就相当于 1P 层下面的数据链路层。在有的计算机网络文献中，常把支持因特网的广域网（包括 X.25 网、帧中继网和 ATM 网）都看成是 IP 层下面的数据链路层。不过在单独讨论广域网的问题时，广域网还是应当属于网络层。本书就是这样处理广域网的。

第四节 综合业务数字网

一、ISDN 的定义

综合业务数字网（Integrated Services Digital Network，ISDN）是一个数字电话网络国际标准，是一种典型的电路交换网络系统。它通过普通的铜缆以更高的速率和质量传输语音和数据。ISDN 是欧洲普及的电话网络形式。GSM 移动电话标准也可以基于 ISDN 传输数据。

二、ISDN 的特点

（一）多种业务的兼容性

利用一对用户线可以提供电话、传真、可视图文用数据通信等多种业务。若用户需要更高速率的信息，可以使用一次群用户接口，连接用户交换机、可视电话、会议电视或计算机局域网。此外 ISDN 用户在每一次呼叫时，都可以根据需要选择信息速率、交换方式等。

（二）数字传输

ISDN 能够提供端到端的数字连接，即终端到终端之间的通道已完全数字化，具有优良的传输性能，而且信息传送速度快。

（三）标准化的接口

ISDN 能够提供多种业务的关键在于使用标准化的用户接口。该接口有基本速率接口和一次群速率接口。基本速率接口有两条 64 kbit/s 的信息通路和一条 16 kbit/s 的信令通路，简称 2B+D；一次群接口有 30 条 64 kbit/s 的信息通路和一条 64 kbit/s 的信令通路，简称 30 B+D。标准化的接口能够保证终端间的互通。1 个 ISDN 的基本速率用户接口最多可以连接 8 个终端，而且使用标准化的插座，易于各种终端的接入。

（四）使用方便

用户可以根据需要，在一对用户线上任意组合不同类型的终端，例如，可以将电话机、传真机和 PC 机连接在一起，可以同时打电话、发传真或传送数据。

（五）终端移动性

ISDN 的终端可以在通信过程中暂停正在进行的通信，然后在需要时再恢复通信。这一性能给用户带来了很大的方便，用户可以在通信暂停后将终端移至其他的房间，插入插座后再恢复通信。同时还可以设置恢复通信的身份密码。

（六）费用低廉

ISDN 是通过电话网的数字化发展而成的，因此只需在已有的通信网中增添或更改部分设备即可以构成 ISDN 通信网，ISDN 能够将各种业务综合在一个网内，以提高通信网的利用率，此外 ISDN 节省了用户的投资，可以在经济上获得较大的利益。

三、ISDN 的接口及配置

ISDN 系统结构主要讨论用户和网络之间的接口，该接口也称为数字位管道。用户 - 网络接口是用户和 ISDN 交换系统之间通过比特流的“管道”，无论数字位来自数字电话、数字终端、数字传真还是任何其他设备，它们都能通过接口双向传输。

用户 - 网络接口用比特流的时分复用技术建立多个独立的通道。在接口规范中定义了比特流的确切格式及比特流的复用。已经标准化的 ISDN 用户 - 网络接口有两类，一类是基本速率接口，另一类是一次群速率接口。

（一）基本接口（Basic Rate ISDN，BRI）

基本接口是把现有电话网的普通用户线作为 ISDN 用户线而规定的接口，它是 ISDN 最常用、最基本的用户 - 网络接口。它由两个 B 通路和一个 D 通路（2B+D）构成。B 通路的速率为 64 kbit/s，D 通路的速率为 16 kbit/s，所以用户可以利用的最高信息传递速率是 64 × 2+16=144 kbit/s。

这种接口是为最广大的用户使用 ISDN 而设计的。它与用户线二线双向传输系统相配合，可以满足千家万户对 ISDN 业务的需求。使用这种接口，用户可以获得各种 ISDN 的基本业务和补充业务。

（二）一次群速率接口（Primary Rate ISDN，PRI）

一次群速率接口传输的速率与 PCM 的基群相同。由于国际上有两种规格的 PCM，即 1.544 Mbit/s 和 2.048 Mbit/s，所以 ISDN 用户 - 网络接口也有两种速率。

一次群速率用户 - 网络接口的结构根据用户对通信的不同要求可以有多种安排。一种典型的结构是 nB+D。n 的数值对应于 2.048 Mbit/s 和 1.544 Mbit/s 的基群，分别为 30 或 23。在此，B 通路和 D 通路的速率都是 64 kbit/s。这种接口结构，对于 NT2 为综合业务用户交换机的用户而言，是一种常用的选择。当用户需求的通信容量较大时（例如，大企业或大公司的专用通信网络），一个一次群速率的接口可能不够使用。这时可以多装备几个一次群速率的用户 - 网络接口，以增加通路数量。在存在多个一次群速率接口时，不必要每个一次群接口上都分别设置 D 通路，可以让 n 个接口合用一个 D 通路。

四、宽带 ISDN（B-ISDN）及其信息传送方式

当今人们对通信的要求越来越高，除原有的语音、数据、传真业务外，还要求综合传输高清晰度电视、广播电视、高速数据传真等宽带业务。计算机技术、微电子技术、宽带通信技术和光纤传输的发展，为满足这些迅猛增长的通信需求提供了基础。

由窄带 ISDN（N-ISDN）向宽带 ISDN（B-ISDN）的发展，可分为三个阶段：

第一阶段是进一步实现话音、数据和图像等业务的综合。

第二阶段的主要特征是 B-ISDN 和用户 - 网络接口已经标准化，光纤已进入家庭，光交换技术已广泛应用，因此它能提供包括具有多频道的高清晰度电视 HDTV（High Definition Television）在内的宽带业务。

第三阶段的主要特征是在宽带 ISDN 中引入了智能管理网。智能网也可称作智能宽带 ISDN，其中可能引入智能电话、智能交换机及用于工程设计或故障检测与诊断的各种智能专家系统。

第五节　数字数据网

一、DDN 概述

计算机通信技术层出不穷，国民经济的飞速发展，金融、证券、海关、外贸等集团用户和租用数据专线的部门、单位大幅度增加，数据库及其检索业务也迅速发展，现代社会对电信业务的依赖性越来越强。数字数据网（Digital Data Network，DDN）就是适合这些业务发展的一种传输网络。它是将数万、数十万条以光缆为主体的数字电路，通过数字电路管理设备，构成一个传输速率高、质量好、网络时延小、全透明、高流量的数据传输基础网络。

什么是 DDN？它是利用数字信道传输数据信号的数据传输网。它的主要作用是向用户提供永久性和半永久性连接的数字数据传输信道，既可用于计算机之间的通信，也可用于传送数字化传真、数字话音、数字图像信号或其他数字化信号。永久性连接的数字数据传输信道是指用户间建立固定连接，传输速率不变的独占带宽电路。半永久性连接的数字数据传输信道对用户来说是非交换性的。但用户可提出申请，由网络管理人员对其提出的传输速率、传输数据的目的地和传输路由进行修改。网络经营者向广大用户提供了灵活方便的数字电路出租业务，供各行业构建自己的专用网。

二、DDN 网络介绍

DDN 网是由数字传输电路和相应的数字交叉复用设备组成。其中，数字传输主要以光缆传输电路为主，数字交叉连接复用设备对数字电路进行半固定交叉连接和子速率的复用。

1.DTE（数据终端设备）

接入 DDN 网的用户端设备可以是局域网，通过路由器连至对端，也可以是一般的异步终端或图像设备，以及传真机、电传机、电话机等。DTE 和 DTE 之间是全透明传输。

2.DSU（数据业务单元）

可以是调制解调器或基带传输设备，以及时分复用、语音 / 数字复用等设备。DTE 和 DSU 主要功能是业务的接入和接出。

3.NMC（网管中心）

可以方便地进行网络结构和业务的配置，实时地监视网络运行情况，进行网络信息、网络结点告警、线路利用情况等收集、统计报告。

按照网络的基本功能 DDN 网又可分为核心层、接入层、用户接口层。

4. 核心层

以 2M 电路构成骨干结点核心，执行网络业务的转接功能，包括帧中继业务的转接功能。

5. 接入层

为 DDN 各类业务提供子速率复用和交叉连接，帧中继业务用户接入和本地帧中继功能，以及压缩话音 /G3 传真用户入网。

6. 用户接口层

为用户入网提供适配和转接功能，如小容量时分复用设备等。

三、DDN 网特点

1. 传输速率高

在 DDN 网内的数字交叉连接复用设备能提供 2 Mbit/s 或 N × 64Kbit/s（≤ 2M）速率的数字传输信道。

2. 传输质量较高

数字中继大量采用光纤传输系统，用户之间专有固定连接，网络时延小。

3. 协议简单

采用交叉连接技术和时分复用技术，由智能化程度较高的用户端设备来完成协议的转换，本身不受任何规程的约束，是全透明网，面向各类数据用户。

4. 灵活的连接方式

可以支持数据、语音、图像传输等多种业务，它不仅可以和用户终端设备进行连接，也可以和用户网络连接，为用户提供灵活的组网环境。

5. 电路可靠性高

采用路由迂回和备用方式，使电路安全可靠。

6. 网络运行管理简便

采用网管对网络业务进行调度监控，业务迅速生成。

四、DDN 网络的应用

由于 DDN 网是一个全透明网络，能提供多种业务来满足各类用户的需求。提供速率可在一定范围内（200 bit/s~2 Mbit/s）任选的信息量大、实时性强的中高速数据通信业务，如局域网互联、大中型主机互连、计算机互联网业务提供者（ISP）等。

（一）DDN 网络在计算机联网中的应用

DDN 作为计算机数据通信联网传输的基础，提供点对点、一点对多点的大容量信息传送通道，如利用全国 DDN 网组成的海关、外贸系统网络。各省的海关、外贸中心首先通过省级 DDN 网，出长途中继，到达国家 DDN 网骨干核心结点。由国家网管中心按照各地所需通达的目的地分配路由，建立一个灵活的全国性海关外贸数据信息传输网络。并可通过国际出口局，与海外公司互通信息，足不出户就可进行外贸交易。

此外，通过 DDN 线路进行局域网互联的应用也较广泛。一些海外公司设立在全国各地的办事处在本地先组成内部局域网络，通过路由器、网络设备等经本地、长途 DDN 与公司总部的局域网相连，实现资源共享和文件传送、事务处理等业务。

（二）DDN 网在金融业中的应用

DDN 网不仅适用于气象、公安、铁路、医院等行业，也涉及证券业、银行、金卡工程等实时性较强的数据交换。

通过 DDN 网将银行的自动提款机（ATM）连接到银行系统大型计算机主机。银行一般租用 64 Kbit/sDDN 线路把各个营业点的 ATM 机进行全市乃至全国联网。在用户提款时，对用户的身份验证、提取款额、余额查询等工作都是由银行主机来完成的，这样就形成一个可靠、高效的信息传输网络。

通过 DDN 网发布证券行情，也是许多券商采取的方法。证券公司租用 DDN 专线与证券交易中心实行联网，大屏幕上的实时行情随着证券交易中心的证券行情变化而动态地改变，而远在异地的股民们也能在当地的证券公司同步操作，来决定自己的资金投向。

（三）DDN 网在其他领域中的应用

DDN 网作为一种数据业务的承载网络，不仅可以实现用户终端的接入，而且可以满足用户网络的互连，扩大信息的交换与应用范围。在各行各业、各个领域中的应用也是较广泛的。如无线移动通信网利用 DDN 联网后，提高了网络的可靠性和快速自愈能力。七号信令网的组网、高质量的电视电话会议、今后增值业务的开发，都是以 DDN 网为基础的。

五、DDN 网络的发展方向

网络设备在不断地更新换代，人们对新技术的应用不仅仅停留在单一网络的话音或数据传输平台。多媒体通信的应用正在普及。视频点播（IP/TV）、电子商务（E-Commerce）、IP-Phone、电子购物等新应用正在推广。这些应用对网络的带宽、时延、传输质量等提出更高的要求。DDN 独享资源，信道专用将会造成一部分网络资源的浪费，并且对于这些新技术的应用又会带来带宽显得太窄等问题。因此，DDN 网络技术也要不断地向前发展。从建立现代化网的需要来看，现有 DDN 的功能应逐步予以增强。如为用户提供按需分配带宽的能力；为适应多种业务通信与提高信道利用率，应考虑统计复用；提高网管系统的开放性及用户与网络的交互作用能力；可以采用提高中继速率的办法，提高目前结点之间 2 Mbit/s 的中继速率；相应的用户接入层速率也可大大提高，以适应新技术在 DDN 网络中的高带宽应用；可以使 DDN 网络平台成为一个多业务平台。除了目前已有的帧中继延伸业务和话音交换、G3 传真业务外，还要采用最先进的设备和技术不断改造和完善 DDN 网，引入传输与交换、传输与接入等方面的变革，产生出具有交换型虚电路的 DDN 设备。积极地开展增值网服务，如数据库检索、可视图文等服务。由简单的电路或端口出租型向信息传递服务转变，为信息社会的发展做出更深层次的贡献。

第六节　帧中继 FR

一、帧中继的工作原理

在 20 世纪 80 年代后期，许多应用都迫切要求增加分组交换服务的速率。然而 X.25 网络的体系结构并不适合于高速交换。可见需要研制一种支持高速交换的网络体系结构。帧中继 FR（Frame Relay）就是为这一目的而提出的。帧中继在许多方面非常类似于 X.25，它被称为第二代的 X.25。在 1992 年帧中继问世后不久就得到了很大的发展。

在 X.25 网络发展初期，网络传输设施基本是借用了模拟电话线路，这种线路非常容易受到噪声的干扰而产生误码。为了确保传输无差错，X.25 在每个结点都需要做大量的处理。例如，X.25 的数据链路层协议 LAPB 保证了帧在结点间无差错传输。在网络中的每一个结点，只有当收到的帧已进行了正确性检查后，才将它交付给第 3 层协议。对于经历多个网络结点的帧，这种处理帧的方法会导致较长的时延。除了数据链路层的开销，分组层协议为确保在每个逻辑信道上按序正确传送，还要有一些处理开销。在一个典型的 X.25 网络中，分组在传输过程中的每个结点大约有 30 次的差错检查或其他处理步骤。

今天的数字光纤网比早期的电话网具有低得多的误码率，因此，我们完全可以简化 X.25 的某些差错控制过程。如果减少结点对每个分组的处理时间，则各分组通过网络的时延亦可减少，同时结点对分组的处理能力也就增大了。

帧中继就是一种减少结点处理时间的技术。帧中继的原理简单，当帧中继交换机收到一个帧的首部时，只要一查出帧的目的地址就立即开始转发该帧。因此在帧中继网络中，一个帧的处理时间比 X.25 网约减少一个数量级。这样，帧中继网络的吞吐量要比 X.25 网络提高一个数量级以上。

那么若出现差错该如何处理呢？显然，只有当整个帧被收下后该结点才能够检测到比特差错。但是当结点检测出差错时，很可能该帧的大部分已经转发出去了。

解决这一问题的方法实际上非常简单。当检测到有误码时，结点要立即中止这次传输。当中止传输的指示到达下个结点后，下个结点也立即中止该帧的传输，并丢弃该帧。即使上述出错的帧已到达了目的结点，用这种丢弃出错帧的方法也不会引起不可弥补的损失。不管是上述的哪一种情况，源站将用高层协议请求重传该帧。帧中继网络纠正一个比特差错所用的时间当然要比 X.25 网分组交换网稍多一些。因此，仅当帧中继网络本身的误码率非常低时，帧中继技术才是可行的。

当正在接收一个帧时就转发此帧，通常被称为快速分组交换（Fast Packet Switching）。快速分组交换在实现的技术上有两大类，它是根据网络中传送的帧长是可变的还是固定的来划分。在快速分组交换中，当帧长为可变时就是帧中继；当帧长为固定时（这时每一个帧称为一个信元）

就是信元中继（Cell Relay），像异步传递方式 ATM 就属于信元中继。

帧中继的数据链路层也没有流量控制能力，帧中继的流量控制由高层来完成。

帧中继的呼叫控制信令是在与用户数据分开的另一个逻辑连接上传送的（即共路信令或带外信令）。这点和 X.25 不同，X.25 使用带内信令，即呼叫控制分组与用户数据分组都在同一条虚电路上传送。

帧中继的逻辑连接的复用和交换都在第二层处理，而不是像 X.25 在第三层处理。

帧中继网络向上提供面向连接的虚电路服务。虚电路一般分为交换虚电路 SVC 和永久虚电路 PVC 两种，但帧中继网络通常为相隔较远的一些局域网提供链路层的永久虚电路服务。永久虚电路的好处是在通信时可省去建立连接的过程。帧中继网络有 4 个帧中继交换机。帧中继网络与局域网相连的交换机相当于 DCE，而与帧中继网络相连的路由器则相当于 DTE。当帧中继网络为其两个用户提供帧中继虚电路服务时，对两端的用户来说，帧中继网络所提供的虚电路就好像在这两个用户之间有一条直通的专用电路。用户看不见帧中继网络中的帧中继交换机。

下面是帧中继网络的工作过程。

当用户在局域网上传送的 MAC 帧传到与帧中继网络相连接的路由器时，该路由器就剥去 MAC 帧的首部，将 IP 数据报交给路由器的网络层。网络层再将 IP 数据报传给帧中继接口卡。帧中继接口卡将 IP 数据报加以封装，加上帧中继帧的首部（其中包括帧中继的虚电路号），进行 CRC 检验和加上帧中继帧的尾部。然后帧中继接口卡将封装好的帧通过向电信公司租来的专线发送给帧中继网络中的帧中继交换机。帧中继交换机在收到一个帧时，就按虚电路号对帧进行转发（若检查出有差错则丢弃）。当这个帧被转发到虚电路的终点路由器时，该路由器剥去帧中继帧的首部和尾部，加上局域网的首部和尾部，交付给连接在此局域网上的目的主机。目的主机若发现有差错，则报告上层的 TCP 协议处理。

下面我们归纳一下帧中继的主要优点：

第一，减少了网络互连的代价。当使用专用帧中继网络时，将不同的源站产生的通信量复用到专用的主干网上，可以减少在广域网中使用的电路数。多条逻辑连接复用到一条物理连接上可以减少接入代价。

第二，网络的复杂性减少但性能却提高了。与 X.25 相比，由于网络结点的处理量减少和更加有效地利用高速数据传输线路，帧中继明显改善了网络的性能和响应时间。

第三，由于使用了国际标准，增强了互操作性。帧中继简化的链路协议实现起来不难。接入设备通常只需要一些软件修改或简单的硬件改动就可支持接口标准。现有的分组交换设备和 T1/E1 复用器都可进行升级，以便在现有的主干网上支持帧中继。

第四，协议的独立性。帧中继可以很容易地配置成容纳多种不同的网络协议（如 IP、IPX 和 SNA 等）的通信量。可以用帧中继作为公共的主干网，这样可统一所使用的硬件，也更加便于进行网络管理。

根据帧中继的特点，可以知道帧中继适用于大文件（如高分辨率图像）的传送、多个低速率线路的复用，以及局域网的互连。

这种格式与 HDLC 帧格式类似，其最主要的区别是没有控制字段。这是因为帧中继的逻辑连接只能携带用户的数据，并且没有帧的序号，也不能进行流量控制和差错控制。

帧中继各字段的作用如下：

第一，标志：一个 01111110 的比特序列，用于指示一个帧的起始和结束。它的唯一性是通过比特填充法来确保的。

第二，信息：长度可变的用户数据。

第三，帧检验序列：包括 2 字节的 CRC 检验。当检测出差错时，就将此帧丢弃。

第四，地址：一般为 2 字节，但也可扩展为 3 或 4 字节。

地址字段中的几个重要部分是：

其一，数据链路连接标识符 DLCI：DLCI 字段的长度一般为 10 bit（采用默认值 2 字节地址字段），但也可扩展为 16 bit（用 3 字节地址字段），或 23 bit（用 4 字节地址字段），这取决于扩展地址字段的值。DLCI 的值用于标识永久虚电路、呼叫控制或管理信息。

其二，前向显式拥塞通知（Forward Explicit Congestion Notification，FECN）：若某结点将 FECN 置为 1，表明与该帧在同方向传输的帧可能受网络拥塞的影响而产生时延。

其三，反向显式拥塞通知（Backward Explicit Congestion Notification，BECN）：若某结点将 BECN 置为 1 即指示接受者，与该帧反方向传输的帧可能受网络拥塞的影响产生时延。

其四，可丢弃指示（Discard Eligibility，DE）：在网络发生拥塞时，为了维持网络的服务水平就必须丢弃一些帧。显然，网络应当先丢弃一些相对不重要的帧。帧的重要性体现在 DE 比特。DE 比特为 1 的帧表明这是较为不重要的低优先级帧，在必要时可丢弃。而 DE=0 的帧为高优先级帧，希望网络尽可能不要丢弃这类帧。用户采用 DE 比特就可以比通常允许的情况多发送一些帧，并将这些帧的 DE 比特置 1（表明这是较为次要的帧）。

应当注意：数据链路连接标识符 DLCI 只具有本地意义。在一个帧中继的连接中，在连接两端的用户网络接口 UNI 上所使用的两个 DLCI 是各自独立选取的。帧中继可同时将多条不同 DLCI 的逻辑信道复用在一条物理信道中。

二、帧中继的拥塞控制

（一）拥塞控制方法

帧中继的拥塞控制实际上是网络和用户共同负责实现的。网络能够监视全网的拥塞程度，而用户则在限制通信量方面是最有效的。帧中继使用的拥塞控制方法有以下三种：

第一，丢弃策略。当拥塞足够严重时，网络就要被迫将帧丢弃。这是网络对拥塞的最基本的响应，但在具体操作时应当对所有用户都是公平的。

第二，拥塞避免。在刚一出现轻微的拥塞迹象时可采取拥塞避免的方法。这时，帧中继网络应当有一些信令机制及时地使拥塞避免过程开始工作。

第三，拥塞恢复。在已出现拥塞时，拥塞恢复过程可阻止网络彻底崩溃。当网络由于拥塞开始将帧丢弃时（这时高层软件能够发现这一问题），拥塞恢复过程就应开始工作。

为了进行拥塞控制，帧中继采用了一个概念，即 CIR 其单位为 bit/s。CIR 就是对一个特定的帧中继连接，用户和网络共同协商确定的关于用户信息传送速率的门限数值。CIR 数值越高，帧中继用户向帧中继的服务提供者交纳的费用也就越多。只要用户端在一段时间内的数据传输速率超过 CIR，在网络出现拥塞时，帧中继网络就可能会丢弃用户所发送的某些帧。虽然使用了“承诺的”这一名词，但当数据传输速率不超过 CIR 时，网络并不保证一定不发生帧丢弃。当网络拥塞已经非常严重时，网络可以对某个连接只提供比 CIR 还差的服务。当网络必须将一些帧丢弃时，网络将首先选择超过其 CIR 值的那些连接上的帧来丢弃。请注意：CIR 并非用来限制数据率的瞬时值，CIR 是用来限制端用户在某一段测量时间间隔 T_e 内（这段时间的长短没有国际标准，通常由帧中继网络提供者确定）所发送的数据的平均数据率。时间间隔 T_e 越大，通信量超过平均数据率的波动就可能越大。

每个帧中继结点都应使通过该结点的所有连接的 CIR 的总和不超过该结点的容量，即不能超过该结点的接入速率（Access Rate）。

对于永久虚电路连接，每一个连接的 CIR 应在连接建立时即确定下来。对于交换虚电路连接，CIR 的参数应在呼叫建立阶段协商确定。

（二）拥塞控制原则

当拥塞发生时，应当丢弃什么样的帧呢？检查一个帧的可丢弃指示 DE 字段。若数据的发送速率超过 CIR，则结点交换机就将所收到的帧的 DE 比特都置为 1，并转发此帧。这样的帧，可能会通过网络，但也可能在网络发生拥塞时被丢弃。若结点交换机在收到一个帧时，其数据发送速率已超过网络所设定的最高速率，则立即将其丢弃。

总之，帧中继网络的拥塞控制的原则是：

第一，若数据率小于 CIR，则在该连接上传送的所有帧均被置为 DE=0（这表明在网络发生拥塞时尽量不要丢弃 DE=0 的帧）。这在一般情况下传输是有保证的。

第二，若数据率仅在不太长的时间间隔大于 CIR，则网络可以将这样的帧置为 DE=1，并在可能的情况下进行传送（即不一定丢弃，视网络的拥塞程度而定）。

第三，若数据率超过 CIR 的时间较长，以至注入网络的数据量超过了网络所设定的最高门限值，则应立即丢弃该连接上传送的帧。

下面用简单数字说明 CIR 的意义。设某个结点的接入速率为 64 kbit/s。该结点使用的一条虚电路被指派的 CIR=32kbit/s，而 C1R 的测量时间间隔 T_e=500ms。再假定帧中继网络的帧长 L=4000bit。这就表示在 500 ms 的时间间隔内，这条虚电路只能够发送 CIR × TdL=4 个高优先级的帧中继帧，其 DE=0。这就是说，这 4 个高优先级帧在网络中的传输是有保证的，但由于 CIR

的数值只是接入速率的一半，因此用户在 500 ms 内还可再发送 4 个低优先级的帧，其 DE=1。

帧中继还可利用显式信令避免拥塞。上面讲过，在帧中继的地址字段中有两个指示拥塞的比特，即前向显式拥塞通知和反向显式拥塞通知。我们设帧中继网络的两个用户 A 和 B 之间已经建立了一条双向通信的连接。当两个方向都没有拥塞时，则在两个方向传送的帧中，FECN 和 BECN 都应为零。反之，若这两个方向都发生了拥塞，则不管是哪一个方向，FECN 和 BECN 都应置为 1。当只有一个方向发生拥塞而另一个方向无拥塞时，FECN 和 BECN 中的哪一个应置为 1，则取决于帧是从 A 传送的 B 还是从 B 传送到 A。

网络可以根据结点中待转发的帧队列的平均长度是否超过门限值来确定是否发生了拥塞。用户也可以根据收到的显式拥塞通知信令采用相应的措施。收到 BECN 信令时的处理方法比较简单，用户只要降低数据发送的速率即可。但当用户收到一个 FECN 信令时，情况就较复杂，因为这需要用户通知这个连接的对等用户来减少帧的流量。帧中继协议所使用的核心功能并不支持这样的通知，因此需要在高层来进行相应的处理。

第八章　网络安全概述

第一节　黑客文化

一、黑客的概念及发展

“黑客”一词由英语 Hacker 英译而来，是指专门研究、发现计算机和网络漏洞的计算机爱好者。他们伴随着计算机和网络的发展而产生成长。黑客对计算机有着狂热的兴趣和执着的追求，他们不断地研究计算机和网络知识，发现计算机和网络中存在的漏洞，喜欢挑战高难度的网络系统并从中找到漏洞，然后向管理员提出解决和修补漏洞的方法。

最早的黑客出现于麻省理工学院和贝尔实验室。最初的黑客一般都是一些高级的技术人员，他们热衷于挑战、崇尚自由并主张信息的共享。随着计算机的普及和因特网技术的迅速发展，黑客也随之出现了。黑客的出现推动了计算机和网络的发展与完善。黑客所做的不是恶意破坏，他们是一群纵横驰骋于网络上的大侠，追求共享、免费，提倡自由、平等。黑客的存在是由于计算机技术的不健全，从某种意义上来讲，计算机的安全需要更多黑客去维护。但是到了今天，黑客一词已被用于泛指那些专门利用计算机搞破坏或恶作剧的家伙，对这些人的正确英文叫法是 Cracker，有人也翻译成“骇客”或是“入侵者”，也正是由于入侵者的出现玷污了黑客的声誉，使人们把黑客和入侵者混为一谈，黑客被人们认为是在网上到处搞破坏的人。

二、国内黑客的发展趋势

国内黑客的发展总体可以归纳为以下五种趋势：

第一，黑客年轻化。由于中国互联网的普及，越来越多对这方面感兴趣的中学生，也已经踏足到这个领域。

第二，破坏扩大化。因互联网的普及，黑客的破坏力也日益扩大化，仅在美国，黑客每年造成的经济损失就超过 100 亿美元，可想而知，对于安全刚起步的中国，破坏的影响程度有多大了。

第三，技术普及化。黑客组织的形成和黑客傻瓜式工具的大量出现导致的一个直接后果就是黑客技术的普及，黑客事件的剧增，黑客组织规模的扩大。黑客站点的大量涌现，也说明了黑客技术开始普及，甚至很多十多岁的年轻人也有了自己的黑客站点。从很多 BBS 上也可以看到学习探讨黑客技术的人也越来越多。

第四，技术工具化。黑客工具越来越多，越来越容易获得，也越来越傻瓜化和自动化，这是黑客事件越来越多的一个重要原因。

第五，黑客组织化。对于黑客的破坏，人们的网络安全意识开始增强，计算机产品的安全性被放在很重要的位置，漏洞和缺陷也越来越难发现。而且因为利益的驱使，黑客开始由原来的单兵作战变成有组织的黑客群体，在黑客组织内部，成员之间相互交流技术经验，共同采取黑客行动，成功率增高，影响力也更大。

互联网状况可以说是不容乐观，从轰动一时的“熊猫烧香”“金猪”病毒，到最近的“灰鸽子”木马事件，关于黑客的新闻不胜枚举，网银、政府机构、Vista，甚至守卫森严的白宫，也难免被黑客留下到此一游的纪念。黑客文化的出现和演变，与计算机网络安全技术的应用是同步的，其本质是由计算机网络技术导致的社会信息化过程在价值观上的一种体现。作为信息时代的产物，研究计算机网络安全技术需要了解黑客的各种攻击手段才有助于理解网络安全的内涵。

三、黑客的攻击步骤

一次成功的黑客攻击，可以归纳成基本的五个步骤，但是根据实际情况可以随时调整。归纳起来就是“黑客攻击五部曲”。

第一，隐藏IP。通常有两种方法实现IP隐藏，一种方法是首先入侵互联网上的一台计算机，俗称“肉鸡”，利用这台计算机进行攻击，这样即使被发现了，也是“肉鸡”的IP地址；第二种方法是多级跳板“Sock”代理，这样入侵的计算机上留下的是代理计算机的IP地址。

第二，踩点扫描。通过各种途径对所要攻击的目标进行多方面的了解，但要确保信息的准确，确定攻击的时间和地点。扫描的目的是利用各种工具在攻击目标IP地址或地址段的主机上寻找漏洞。

第三，获得系统管理权限。得到系统管理权限的目的是连接远程计算机，对其进行控制，达到自己的攻击目的。获得系统及管理员权限的方法有：通过系统漏洞获得系统权限，通过管理漏洞获得管理员权限，通过软件漏洞得到系统权限，通过监听获得敏感信息进一步获得相应权限，通过弱口令获得用户密码等办法。

第四，种植后门。为了保持长期对胜利果实的访问权，在已经攻破的计算机上种植一些供自己访问的后门。

第五，隐身。一次成功入侵之后，一般在对方的计算机上已经存储了相关的登录日志，这样就容易被管理员发现，在入侵完毕后需要清除登录日志及其他相关的日志。

四、黑客与网络安全的关系

黑客攻击和网络安全是紧密结合在一起的，研究网络安全不研究黑客攻击技术等同于纸上谈兵，研究攻击技术不研究网络安全等同于闭门造车。某种意义上说没有攻击就没有安全，系统管理员可以利用常见的攻击手段对系统进行检测，并对相关的漏洞采取措施。

第二节 网络安全简介

由于计算机与网络技术的日益普及，现代网络技术以其开放性和共享性，给人类进行信息的生产、加工、处理、储存、传输和使用都带来了巨大的方便。但与许多其他科学技术一样，网络技术在给人们带来方便的同时也带来了一些严重的问题。恶意攻击、网上诈骗、网上犯罪、网上钓鱼、网上抢劫、网络病毒等无所不在，以至于使人们对来自网上的任何一则信息都持怀疑态度。网络安全已成为影响当代人类社会生活乃至一个国家战略生死存亡的关键因素之一。因此，对于每一个生存在当今信息时代的公民和集团，信息与网络安全知识是其保护个人或集团机密信息、自身利益和财产安全的必备知识。网络安全的问题主要集中在网络系统中，是一个涉及面宽广而又错综复杂的问题。威胁信息安全的因素很多，有自然灾害、各种故障以及各种有意或无意的破坏等。为了确保信息系统的安全，需要从多方面着手，采取各种措施，比如物理措施、管理措施、技术措施、教育措施等。基于计算机与通信技术相结合的现代信息网络系统，是一种有着广泛应用的信息网络传输系统，其安全性非常重要，特别是以互联网为代表的计算机通信网络正在成为未来全球信息系统的最重要的基础设施，如果它的安全性解决不好，将会直接影响国家安全和社会发展。

从互联网的发展趋势来看，从最初的预防战争对军事指挥控制系统的毁灭性打击提出的课题，到后来发展到在教育科研的校园环境中解决互联、互通、互操作的技术项目。因为初期片面地追求网络开放互连性和信息资源共享性的缘故，使互联网的发展忽略了网络安全的顶层设计。20 世纪 90 年代后，互联网完全融入社会应用和商业应用，商业应用的需要使人们很快就意识到忽视安全的严重性。尤其是在网上拥有利益的时代，一些违法行为从另一方面向人们揭示了网络系统的脆弱性，导致人们对信息与网络安全的空前重视。

一、网络安全的概念

网络安全从其本质上来讲就是网络上的信息安全。从广义来说，凡是涉及网络上信息的完整性、保密性、可用性、可控性和真实性的相关技术和理论都是网络安全的研究领域。网络安全是指网络系统的硬件、软件及其系统中的数据受到保护，不因偶然的或者恶意的原因而遭受到破坏、更改、泄露，系统连续可靠正常地运行，网络服务不中断。

从用户（个人或企业）的角度来说，希望涉及个人隐私或商业利益的信息在网上传输时能够保障其机密性、完整性和真实性，避免其他人利用窃听、冒充、篡改、抵赖等手段对用户的利益和隐私造成损害。同时，也希望当用户的信息保存在某个计算机系统上时，不受其他非法用户的非授权访问和破坏。

从网络运行和管理者的角度来说，他们希望对本地网络信息的访问、读写等操作受到保护和控制、避免出现“陷门”、病毒、非法存取、拒绝服务、网络资源非法占用和非法控制等威胁，制止和防御网络“黑客”的攻击。

对安全保密部门来说，他们希望对非法的、有害的或涉及国家机密的信息进行过滤和防堵，避免其通过网络泄露，避免由于这类信息的泄密对社会产生危害，对国家造成巨大的经济损失。

从社会教育和意识形态的角度来讲，网络上不健康的内容会对社会的稳定和人类的发展造成阻碍，必须对其进行控制。

可见，网络安全主要是指基于计算机和网络的数字信息安全。网络安全问题是伴随着计算机网络技术和信息数据管理普及应用而产生的，随着全球信息化进程的日益加快，数字信息大量产生，已成为当代信息的主体，并从经济到文化，从工作到生活，从军事到政务等方面对社会生活和各行各业产生巨大影响。随之而来的网络安全问题日益突出，并成为各国社会和集团无法回避的一个重大现实问题。

二、网络安全的内容

所谓计算机网络安全，是指依靠网络管理控制与技术措施，确保网络上数据信息的保密性、完整性、可用性，保护网络上的信息安全是网络安全的最终目标和关键。网络安全就是要信息在产生、传输、存储及处理的过程中不被泄露或者破坏。

网络安全包括三个方面。一是物理安全，也就是说要保护信息以及有价值的资源，只能在获得许可的情况下才可以被物理访问。换言之，安全服务人员必须保护这些数据信息不被非授权者移动、篡改或窃取。二是运行安全，是指在应对安全威胁时所需要进行的工作，主要包括：网络访问控制（保护网络信息资源的安全使其不被非授权者使用）、身份认证（确保使用信息用户身份的真实性和可靠性）和网络拓扑（要根据自身需要设置各设备网络物理位置）。三是管理安全，就是利用综合措施对信息和系统安全运行进行有效管理。

网络安全在不同的应用环境和信息技术中有不同的解释，可进一步分为网络运行安全、网络系统安全、信息传输安全、信息内容的安全等。

（一）网络运行安全

即保证信息处理和传输系统的安全。包括计算机系统机房环境的保护，法律、政策的保护，计算机结构设计上的安全性考虑，硬件系统的可靠性、安全性，计算机操作系统和应用软件的安全，数据库系统的安全，电磁信息泄露的防护等。它侧重于保证系统的正常运行，避免因为系统的崩溃和损坏而对系统内存储、处理和传输的信息造成破坏和损失；避免由于电磁泄露产生信息泄露，干扰他人或受他人干扰。本质上是保护系统的合法操作和正常运行。

（二）网络系统安全

包括用户口令鉴别、用户存取权限控制、数据存取权限、方式控制、安全审计、安全问题跟踪、计算机病毒防治、数据加密等。

（三）信息传输安全

信息传输安全即信息传播后果的安全，该部分包括信息过滤、不良信息的过滤等。它侧重于防止和控制非法、有害信息的传播，以防止在公用通信网络上大量自由传输的信息失控，本质上是维护道德、法则或国家利益。

（四）信息内容安全

即我们讨论的狭义的“信息安全”。它侧重于保护信息的保密性、真实性和完整性，避免攻击者利用系统的安全漏洞进行窃听、冒充、诈骗等有损于合法用户的行为，本质上是保护用户的利益和隐私。

我国的网络安全产业经过十多年的探索和发展已得到长足发展。特别是近几年来，随着我国互联网的普及以及政府和企业信息化建设步伐的加快，对网络安全的需求也以前所未有的速度增长，这也是由于网络安全问题的日益突出，促使网络安全企业不断采用最新安全技术，不断推出满足用户需求、具有时代特色的安全产品，也进一步促进了网络安全技术的发展。应当说，在这十年来，网络安全产品从简单的防火墙到目前的具备报警、预警、分析、审计、监测等全面功能的网络安全系统，在技术角度已经实现了巨大进步，也为政府和企业在构建网络安全体系方面提供了更加多样化的选择，但是，网络面临的威胁却并未随着技术的进步而有所抑制，反而使矛盾更加突出，从层出不穷的网络犯罪到日益猖獗的黑客攻击，似乎网络世界正面临着前所未有挑战。

简单分析网络安全环境的现状：在网络和应用系统保护方面采取了安全措施，每个网络 / 应用系统分别部署了防火墙、访问控制设备等安全产品，采取了备份、负载均衡、硬件冗余等安全措施；实现了区域性的集中防病毒。实现了病毒库的升级和防病毒客户端的监控和管理；安全工作由各网络 / 应用系统具体的维护人员兼职负责，安全工作分散到各个维护人员；应用系统账号管理、防病毒等方面具有一定流程，在网络安全管理方面的流程相对比较薄弱，需要进一步进行修订；员工安全意识有待加强，日常办公中存在一定非安全操作情况，终端使用和接入情况复杂。这可以说是现阶段具有代表性的网络安全建设和使用的现状，从另一个角度来看，单纯依靠网络安全技术的革新，不可能完全解决网络安全的隐患，如果想从根本上克服网络安全问题，我们需要分析网络安全方方面面的因素。

综上所述，网络安全就是要保证网络上存储和传输信息的安全性，即通过各种计算机、网络、密码技术和信息安全技术，保护在公用通信网络中传输、交换和存储的信息的机密性、完整性和真实性，并对信息的传播及内容具有控制能力。网络安全从结构层次上还可分为物理安全、安全测控和安全服务。

三、网络安全的要素

网络安全含义中所提到的完整性、保密性、可用性、可控性和真实性就是网络信息安全的基本特性和目标，其中前三个是网络安全的基本要求。网络安全的五大特征，反映了网络安全的基本组成、属性和技术方面的安全要素。

（一）完整性

网络信息安全的完整性，是指信息在存储、传输、交换和处理各环节中保持非修改、非破坏及非对视等特性，确保信息保持原样性。完整性指网络中信息的安全、精确和有效，不因人为的因素而改变信息原有的内容、形式与流向，即不能被未授权的第三方修改。它包含数据完整性的内涵，即保证数据不被非法地改动和销毁；同样还包含系统完整性的内涵，即保证系统以无害的方式按照预定的功能运行，不受有意的或者意外的非法操作所破坏。完整性是网络信息未经授权不能进行改变的特性，即网络信息在存储或传输过程中保持不被偶然或蓄意地删除、修改、伪造、乱序、重放、插入等破坏和丢失的特性。完整性是一种面向信息的安全性，它要求保持信息的原样，即信息的正确生成、存储和传输。

完整性与保密性不同，保密性要求信息不被泄露给未授权的人，而完整性则要求信息不受到各种原因的破坏。影响网络信息完整性的主要因素有：设备故障、误码（传输和存储过程中产生的误码、定时的稳定度和精度降低造成的误码、各种干扰源造成的误码）、人为攻击、计算机病毒等。

（二）保密性

网络信息安全的保密性，是指严密控制各个可能泄密的环节，杜绝私密及有用信息在产生、传输、处理及存储过程中泄露给非授权的个人和实体。保密性指网络中的数据必须按照数据拥有者的要求保证一定的秘密性，不会被未授权的第三方非法获知。具有敏感性的秘密信息，只有得到拥有者的许可，其他人才能够获得该信息，网络系统必须能够防止信息的非授权访问或泄露，即防止信息泄露给非授权个人或实体、信息只为授权用户使用的特性。保密性是在可靠性和可用性基础之上，保障网络信息安全的重要手段。

（三）可用性

网络信息安全的可用性，是指网络信息能被授权使用者所使用，既能在系统运行时被正确的存取，也能在系统遭受攻击和破坏时恢复使用。可用性就是要保障网络资源无论在何时，无论经过何种处理，只要需要即可使用，而不因系统故障或误操作等使资源丢失或妨碍对资源的使用，使得严格时间要求的服务不能得到及时的响应，可用性是网络信息可被授权实体按需求使用的特性，即网络信息服务在需要时，允许授权用户或实体使用的特性，或者是网络部分受损或需要降级使用时，仍能为授权用户提供有效服务的特性。可用性是网络信息系统面向用户的安全性能。网络信息系统最基本的功能是向用户提供服务，而用户的需求是随机的、多方面的，有时还有时间要求。

可用性一般用系统正常使用时间和整个工作时间之比来度量。可用性还应该满足以下要求：身份识别与确认、访问控制、业务流控制、路由选择控制、审计跟踪等。

（四）可控性

网络信息安全的可控性，是指能有效控制流通于网络系统中的信息传播和具体内容的特性。

对越权利用网络信息资源的行为进行抵制。可控性是对网络信息的传播及内容具有控制能力的特性。概括地说，网络信息安全与保密的核心，是通过计算机、网络、密码技术和安全技术，保护在公用网络信息系统中传输、交换和存储消息的保密性、完整性、真实性、可靠性、可用性、不可抵赖性等。

美国计算机安全专家又在 CIA 安全三要素的基础上提出了一种新的安全框架，包括保密性、完整性、可用性、真实性、实用性、占有性等，即在原来的基础上增加了真实性、实用性、占有性，认为这样才能解释各种网络安全问题。

（五）真实性

网络信息安全的不可否认性也被称为可审查性，是指网络通信双方在信息交换的过程中，保证参与者都不能否认自己的真实身份，所提供信息原样性以及完成的操作和承诺。

网络信息的真实性是指信息的可信度，主要是指信息的完整性、准确性和对信息所有者或发送者身份的确认，它也是一个信息安全性的基本要素：网络信息的实用性是指信息加密密钥不可丢失（不是泄密），丢失了密钥的信息也就丢失了信息的实用性。占有性是指存储信息的主机、磁盘等信息载体被盗用，导致对信息占用权的丧失，保护信息占有性的方法有使用版权、专利、商业秘密、提供物理和逻辑的访问限制方法，以及维护和检查有关盗窃文件的审计记录、使用标签等。

四、网络安全的策略

网络安全是一个相对概念，不存在绝对安全，所以必须未雨绸缪、居安思危。安全威胁是一个动态过程，不可能根除威胁，所以唯有积极防御、有效应对。应对网络安全威胁则需要不断提升防范的技术和管理水平，这是网络复杂性对确保网络安全提出的客观要求，可以从信息访问策略、数据加密策略、安全管理策略和设备安全策略四个方面入手。

（一）信息访问策略

信息访问控制是网络安全防范和保护的主要策略，它的主要任务是保证网络资源不被非法使用和非常访问。它也是维护网络系统安全、保护网络资源的重要手段。各种安全策略必须相互配合才能真正起到保护作用，但访问控制可以说是保证网络安全最重要的核心策略之一，下面分述各种访问控制策略。

1. 入网访问控制

入网访问控制为网络访问提供了第一层访问控制。它控制哪些用户能够登录到服务器并获取网络资源，控制准许用户入网的时间和准许他们在哪台工作站入网。用户的入网访问控制可分为三个步骤：用户名的识别与验证、用户口令的识别与验证、用户账号的缺省限制检查。三道关卡中只要任何关卡未通过，该用户便不能进入该网络。

2. 网络权限控制

网络的权限控制是针对网络非法操作所提出的一种安全保护措施。用户和用户组被赋予一定的权限。网络控制用户和用户组可以访问哪些目录、子目录、文件和其他资源，可指定用户对这些文件、目录、设备能够执行哪些操作。受托者指派和继承权限屏蔽可作为其两种实现方式。受托者指派控制用户和用户组如何使用网络服务器的目录、文件和设备。继承权限屏蔽相当于一个过滤器，可以限制子目录从父目录那里继承哪些权限。根据访问权限可以将用户分为以下几类：

第一，系统管理员。

第二，一般用户，系统管理员根据他们的实际需要为他们分配操作权限。

第三，审查用户，负责网络的安全控制与资源使用情况的审计。用户对网络资源的访问权限可以用一个访问控制表来描述。

3. 目录级安全控制

网络应允许控制用户对目录、文件、设备的访问。用户在目录一级指定的权限对所有文件和子目录有效，用户还可进一步指定对目录下的子目录和文件的权限，对目录和文件的访问权限一般有 8 种：系统管理员权限、读权限、写权限、创建权限、删除权限、修改权限、文件查找权限、存取控制权限。用户对文件或目录的有效权限取决于以下几个因素：用户的受托者指派、用户所在组的受托者指派、继承权限屏蔽取消的用户权限。有效组合可以让用户有效地完成工作，同时又能有效地控制用户对服务器资源的访问，从而加强了网络和服务器的安全性。

4. 属性安全控制

当使用文件、目录和网络设备时，网络系统管理员应给文件、目录等指定访问属性。属性安全控制可以将给定的属性与网络服务器的文件、目录和网络设备联系起来。属性安全在权限安全的基础上提供更进一步的安全性。网络上的资源都应预先标出一组安全属性。用户对网络资源的访问权限对应一张访问控制表，用以表明用户对网络资源的访问能力。

5. 网络服务器安全控制

网络允许在服务器控制台上执行一系列操作。用户使用控制台可装载和卸载模块，可以安装和删除软件等操作。网络服务器的安全控制包括可以设置口令锁定服务器控制台，以防止非法用户修改、删除重要信息或破坏数据；可以设定服务器登录时间限制、非法访问者检测和关闭的时间间隔。

6. 网络监测和锁定控制

网络管理员应对网络实施监控，服务器应记录用户对网络资源的访问，对非法的网络访问，服务器应以图形或文字或声音等形式报警，以引起网络管理员的注意。如果不法之徒试图进入网络，网络服务器应当自动记录企图尝试进入网络的次数，如果非法访问的次数达到设定数值，那么该账户将被自动锁定。

7. 网络端口和节点的安全控制

网络中服务器的端口往往使用自动回呼设备、静默调制解调器加以保护，并以加密的形式来识别节点的身份。自动回呼设备用于防止假冒合法用户，静默调制解调器用以防范黑客的自动拨号程序对计算机进行攻击。网络还常对服务器端和用户端采取控制，用户必须携带证实身份的验证器（如智能卡、磁卡、安全密码发生器）。在对用户的身份进行验证之后，才允许用户进入用户端。然后，用户端和服务器端再进行相互验证。

8. 防火墙控制

防火墙是近期发展起来的一种保护计算机网络安全的技术性措施，它是一个用来阻止网络中的黑客访问某个机构网络的屏障，也可称为控制进 / 出两个方向通信的门槛，在网络边界上通过建立起来的相应网络通信监控系统来隔离内部和外部网络，阻止外部网络的侵入。

（二）数据加密策略

信息加密的目的是保护网内的数据、文件、口令和控制信息，保护网络上传输的数据。网络加密常用的方法有链路加密、端点加密和节点加密三种，链路加密的目的是保护网络节点之间的链路信息安全；端点加密的目的是对源端用户到目的端用户的数据提供保护；节点加密的目的是对源节点到目的节点之间的传输链路提供保护。用户可根据网络情况酌情选择上述加密方式。信息加密过程是由形形色色的加密算法来具体实施，它以很小的代价提供很大的安全保护。在多数情况下，信息加密是保证信息机密性的方法。

据不完全统计，到目前为止，已经公开发表的各种加密算法多达数百种。如果按照收发双方密钥是否相同来分类，可以将这些加密算法分为常规密码算法和公钥密码算法。

（三）安全管理策略

加强网络的安全管理并制定有效的规则制度，对于确保网络的安全、可靠运行将起到十分有效的作用：网络安全管理策略主要包括：制定安全管理等级和安全管理范围；制定有关网络操作使用规程和人员出入机房管理制度；制度网络系统的维护制度和应急措施等。安全管理从内部安全管理、网络安全管理和应用管理等方面实施策略。

1. 内部安全管理

主要是建立内部安全管理制度，如机房管理制度、设备管理制度、安全系统管理制度、病毒防范制度、操作安全管理制度、安全事件应急制度等，并采取切实有效的措施保证制度的执行。内部安全管理主要采取行政手段和技术手段相结合的方法。

2. 网络安全管理

在网络层设置路由器、防火墙、安全检测系统后，必须保证路由器和防火墙的 ACL 设置正确，其配置不允许被随便修改。网络层的安全管理可以通过网管、防火墙、安全检测等一些网络层的管理工具来实现。

3. 应用安全管理

应用系统的安全管理是一件很复杂的事情。由于各个应用系统的安全机制不一样，因此需要通过建立统一的应用安全平台来管理，包括建立统一的用户库、统一维护资源目录、统一授权等。

（四）设备安全策略

在所有安全策略中，最容易忽略物理设备安全策略，设备安全策略的目的是保护计算机系统、网络服务器、打印机等硬件实体和通信链路免受自然灾害、人为破坏和搭线攻击；验证用户的身份和使用权限、防止用户越权操作；确保计算机系统有一个良好的电磁兼容工作环境；建立完备的安全管理制度，防止非法进入计算机控制室和各种偷窃、破坏活动的发生。

抑制和防止电磁泄漏是物理安全策略的一个主要问题。目前主要防护措施有两类。一类是对传导发射的防护，主要采取对电源线和信号线加装性能良好的滤波器，减小传输阻抗和导线间的交叉耦合。另一类是对辐射的防护，这类防护措施又可分为两种：一是采用各种电磁屏蔽措施，如对设备的金属屏蔽和各种接插件的屏蔽，同时对机房的下水管、暖气管和金属门窗进行屏蔽和隔离；二是干扰的防护措施，即在计算机系统工作的同时，利用干扰装置产生一种与计算机系统辐射相关的伪噪声向空间辐射来掩盖计算机系统的工作频率和信息特征。

第三节　网络安全面临的威胁

网络安全面临的威胁是指有可能访问资源并造成破坏的某个人、某个地方或某个事物。影响计算机网络安全的因素很多，有自然的和物理的（火灾、地震），无意的（不知情的用户或管理员）和故意的（黑客、恐怖分子、间谍等）。计算机网络所面临的威胁可分为两大类型，即主动威胁和被动威胁。主动威胁是指攻击者对计算机网络信息进行修改、删除等非法操作。被动威胁是指攻击者通过非法手段获取信息和分析信息，而不修改它。

一、网络威胁分类

计算机网络安全的威胁大体可分为两种：一是对网络中数据的威胁；二是对网络中设备的威胁。首先来看网络资源的划分以及这些资源面临的潜在威胁，一般来说网络中存在四种资源，即本地资源、网络资源、服务器资源、数据信息资源。

本地资源指的是本地局域网中的个人计算机操作系统，或者是服务器的应用操作部分，这部分资源会受到黑客的直接攻击。个人用户在使用应用程序或者操作系统时下载或者打开了含有病毒或后门的程序，都会对本地计算机的操作系统构成威胁，使操作系统崩溃，计算机无法使用。

网络资源，即网络系统，是本地资源与广域网进行数据交流的手段。黑客可以利用 IP 欺骗的手段使自己获得新的 IP 从而进入那些本来不能进入的地区，比如校园网、小区内部局域网等。对于个人服务器来说，因为不当使用服务器（如不按要求下载、随意删除文件等）而被禁止和封杀 IP 的计算机，会通过这个方法重新进入服务器进行破坏活动。

服务器资源就是指服务器上开设的各种服务（如 Web、FTP、Email 等），黑客会利用这些服务器的漏洞入侵服务器，获得各种权限，从而对服务器或局域网进行控制。

数据信息资源指的是一些个人 Web 中的访问者信息、好友信息、客户信息等，相对于公司的数据信息来讲个人数据信息受到的入侵威胁要小很多。

二、网络可能面临的威胁

可以归结网络安全威胁的几个方面如下：

第一，人为的疏忽。包括失误、失职、误操作等，这些可能是工作人员对安全的配置不当，不注意保密工作，密码选择不慎重等造成的。

第二，人为的恶意攻击。这是网络安全的最大威胁，敌意的攻击和计算机犯罪就是这个类别。这种破坏性最强，可能造成极大的危害，导致机密数据的泄露。如果涉及的是金融机构则很可能导致破产，也给社会带来了震荡。主动攻击是有选择性地破坏信息的有效性和完整性。被动攻击是在不影响网络的正常工作的情况下截获、窃取、破译以获得重要机密信息。而且进行这些攻击行为的大多是具有很高的专业技能和智商的人员，一般需要相当的专业知识才能破解。

第三，网络软件的漏洞。网络软件不可能毫无缺陷和漏洞，而这些正好为攻击者提供了机会进行攻击。而软件设计人员为了方便自己设置的陷门，一旦被攻破，其后果也是不堪设想的。

第四，非授权访问。这是指未经同意就越过权限、擅自使用网络或计算机资源，主要有：假冒、身份攻击、非法用户进入网络系统进行违法操作或合法用户以未授权方式进行操作等。

第五，信息泄露或丢失。这是指敏感数据被有意或无意地泄露出去或丢失，通常包括：信息在传输的过程中丢失或泄露。

第六，破坏数据完整性。这是指以非法手段窃得对数据的使用权，删改、修改、插入或重发某些信息，恶意添加、修改数据，以干扰用户的正常使用。

第七，拒绝服务攻击。这是指不断对网络服务系统进行干扰，改变其正常的作业流程，执行无关程序使系统响应减慢至瘫痪，影响正常用户的使用，甚至使合法用户被排斥而不能进入计算机网络系统或不能得到相应的服务。

第八，利用网络传播病毒。利用网络传播病毒是通过网络传播计算机病毒，其破坏性大大高于单机系统，而且用户很难防范。

三、针对网络的威胁攻击

从形式上，网络的安全威胁攻击可以分为四类：中断、截获、篡改和伪造。

第四节　网络安全体系结构

一、网络安全体系结构的概念

国际标准化组织 ISO 对开放计算机网络互连环境的安全性通过深入的研究，为计算机网络的安全提出了一个比较完整的安全框架，包括安全服务、安全机制和安全管理及其他有关方面。网络安全防范是一项复杂的系统工程，是安全策略、多种技术、管理方法和人们安全素质的综合。现代的网络安全问题变化莫测，要保障网络系统的安全，应当把相应的安全策略、各种安全技术和安全管理融合在一起，建立网络安全防御体系，使之成为一个有机的整体安全屏障。网络安全体系就是关于网络安全防范的最高层概念抽象，它由各种网络安全防范单元组成，各组成单元按照一定的规则关系，能够有机集成起来，共同实现网络安全目标。

安全体系的机制可以分为两类：一是安全服务机制；二是管理机制。

（一）与安全服务有关的安全机制

1. 加密机制

加密机制可用来加密存放着的数据或数据流中的信息，既可以单独使用也可以同其他机制结合起来使用。加密算法可分为对称密钥（单密钥）加密算法和不对称密钥（公开密钥）加密算法。

2. 数字签名机制

数字签名由两个过程组成，即对信息进行签字过程和对已签字的信息进行证实过程。前者使用私有密钥，后者使用公开密钥。它由是否已签字与签字者的私有密钥有关信息而产生。数字签名机制必须保证签字只能是签字者私有密钥信息。

3. 访问控制机制

访问控制机制根据实体的身份及其有关信息，来决定该实体的访问权限。访问控制实体基于采用以下的一个或几个措施：访问控制信息库、证实信息（如口令）、安全标签等。

4. 数据完整性机制

在通信中，发送方根据发送的信息产生额外的信息（如校验码），将其加密以后，随数据一同发送出去。接收方接收到本信息后，产生额外信息，并与接收到的额外信息进行比较，以判断在过程中信息本体是否被篡改过。

5. 认证交换机制

用来实现同级之间的认证。这可以使用认证的信息，如由发方提供口令，收方进行验证；也可以利用实体所具有的特征，如指纹、视网膜等来实现。

6. 路由控制机制

为了使用安全的子网、中继站和链路，既可预先安排网络的路由，也可对其动态地进行选择。安全策略可以禁止带有某些安全标签的信息通过某些子网、中继站和链路。

7. 防止业务流分析机制

通过填充冗余的业务流来防止攻击者进行业务流分析，填充过信息要加保密保护才能有效。

8. 公证机制

公证机制是第三方（公证方）参与数字签名机制。它是基于通信双方对第三方的绝对信任，让公证方备有适应的数字签名、加密或完整性机制等。当实体间互通信息时，就由公证方利用所提供的上述机制进行公证。有的公证机制可以在实体连接期间进行实时证实；有的则在连接后进行非实时证实。公证机制既可防止收方伪造签字，或否认收到过给他的信息，又可戳穿对所签发信息的抵赖。

（二）与安全管理有关的机制

1. 安全标签机制

可以让信息中的资源带上安全标签，以表明其在安全方面的敏感程度或保护级别，可以是显露式或隐藏式，但都应以安全的方式与相关的对象结合在一起。

2. 安全审核机制

审核是探明与安全有关事件。要进行审核，必须具备与安全有关的信息记录设备，以及对这些信息进行分析和报告的能力。安全审核机制指上述记录设备、分析和报告功能则归属安全管理。

3. 安全恢复机制

安全恢复是在破坏发生后采取各种恢复动作，建立起具有一定模式的正常安全状态，恢复活动有三种：立即的、临时和长期的。

二、网络安全体系结构的组成

网络安全的任何一项工作，都必须在网络安全组织、网络安全策略、网络安全技术、网络安全运行体系的综合作用下才能取得成效。首先必须有具体的人和组织来承担安全工作，并且赋予组织相应的责权；其次必须有相应的安全策略来指导和规范安全工作的开展，明确应该做什么，不应该做什么，按什么流程和方法来做；再次若有了安全组织、安全目标和安全策略后，需要选择合适的安全技术方案来满足安全目标；最后在确定了安全组织、安全策略、安全技术后，必须通过规范的运作过程来实施安全工作，将安全组织、安全策略和安全技术有机地结合起来，形成一个相互推动、相互联系的整体，通过实际的工程运作和动态的运营维护，最终实现安全工作的目标。完善的网络安全体系应包括安全策略体系、安全组织体系、安全技术体系、安全运作体系。安全策略体系应包括网络安全的目标、方针、策略、规范、标准及流程等，并通过在组织内对安全策略的发布和落实来保证对网络安全的承诺与支持；安全组织体系包括安全组织结构建立、安全角色和职责划分、人员安全管理、安全培训和教育、第三方安全管理等；安全技术体系主要包括鉴别和认证、访问控制、内容安全、冗余和恢复、审计和响应；安全运作体系包括安全管理和技术实施的操作规程，实施手段和考核办法。安全运作体系提供安全管理和安全操作人员具体的实施指导，是整个安全体系的操作基础。

一个全方位、整体的网络安全防范体系是分层次的，不同层次反映不同的安全需求，根据网络的应用现状和网络结构，一个网络的整体由网络硬件、网络协议、网络操作系统和应用程序构成。而若要实现网络的整体安全，还需要考虑数据的安全性问题。此外，无论是网络本身还是操作系统和应用程序，最终都是由人来操作和使用的，所以还有一个重要的安全问题就是用户的安全性。可以将网络安全防范体系的层次划分为物理层安全、系统层安全、网络层安全、应用层安全和安全管理。

（一）物理层安全

该层次的安全包括通信线路的安全、物理设备的安全、机房的安全等。物理层的安全主要体现在通信线路的可靠性（线路备份、网络管理软件、传输介质）、软硬件设备安全性（替换设备、拆卸设备、增加设备）、设备的备份、防灾害能力及防干扰能力、设备的运行环境（温度、湿度、烟尘）、不间断电源保障等。

（二）系统层安全

该层次的安全问题来自网络内使用的操作系统的安全，主要表现在三方面：一是操作系统本身的缺陷带来的不安全因素，主要包括身份认证、访问控制、系统漏洞等；二是对操作系统的安全配置问题；三是恶意代码对操作系统的威胁。为了安全级别的标准化，美国国防部技术标准将操作系统的安全等级由低到高分成了 D、Cl、C2、B1、B2、B3、A1 四类七个级别。这些标准发表在一系列的标准文献中，因为每本书的封面颜色不同，人们通常称之为“彩虹系列”。其中最重要的是桔皮书，它定义了上述一系列标准。

（三）网络层安全

该层次的安全问题主要体现在网络方面的安全性，包括网络层身份认证、网络资源的访问控制、数据传输的保密与完整性、远程接入的安全、域名系统的安全、路由系统的安全、入侵检测的手段、网络设施防病毒等。

（四）应用层安全

该层次的安全问题主要由提供服务所采用的应用软件和数据的安全性产生，包括 Web 服务、电子邮件系统、DNS、FTP 安全等。此外，还包括使用系统中资源和数据的用户是否是真正被授权的用户。

（五）安全管理

安全管理包括安全技术和设备的管理、安全管理制度、部门与人员的组织规则等。管理的制度化极大程度地影响着整个网络的安全，严格的安全管理制度、明确的部门安全职责划分、合理的人员角色配置都可以在很大程度上降低其他层次的安全漏洞。

三、网络安全体系模型的发展

（一）OSI 安全体系结构

国际标准化组织（ISO）在对开放系统互联环境的安全性进行了深入研究后，提出了 OSI 安全体系结构，该标准被我国采用，即 GB/T9387.2-1995。该标准是基于 OSI 参考模型针对通信网络提出的安全体系架构模型。该模型提出了安全服务、安全机制、安全管理和安全层次的概念。需要实现的 5 类安全服务包括鉴别服务、访问控制、数据保密性、数据完整性和抗抵赖性，用来支持安全服务的 8 种安全机制包括加密机制、数字签名、访问控制、数据完整性、数据交换、业务流填充、路由控制和公证，实施的安全管理分为系统安全管理、安全服务管理和安全机制管理。实现安全服务和安全机制的层面包括物理层、链路层、网络层、传输层、会话层、表示层和应用层。

（二）P2DR 动态信息安全模型

该模型包括四个主要部分：安全策略、防护、检测和响应。

1. 策略

根据风险分析产生的安全策略描述了系统中哪些资源要得到保护，以及如何实现对它们的保护等。策略是模型的核心，所有的防护、检测和响应都是依据安全策略实施的。网络安全策略一般包括总体安全策略和具体安全策略两个部分。

2. 防护

通过修复系统漏洞、正确设计开发和安装系统来预防安全事件的发生；通过定期检查来发现可能存在的系统脆弱性；通过教育等手段，使用户和操作员正确使用系统，防止意外威胁；通过访问控制、监视等手段来防止恶意威胁。采用的防护技术通常包括数据加密、身份认证、访问控制、授权和虚拟专用网（VPN）技术、防火墙、安全扫描和数据备份等。

3. 检测

检测是动态响应和加强防护的依据，通过不断地检测和监控网络系统，来发现新的威胁和弱点，通过循环反馈来及时做出有效的响应。当攻击者穿透防护系统时，检测功能就发挥作用，与防护系统形成互补。

4. 响应

系统一旦检测到入侵，响应系统就开始工作，进行事件处理。响应包括应急响应和恢复处理，恢复处理又包括系统恢复和信息恢复。

P2Dr 模型也存在一个明显的弱点，就是忽略了内在的变化因素，如人员的流动、人员的素质和策略贯彻的不稳定性。实际上，安全问题牵涉面广，除了涉及防护、检测和响应，系统本身安全的“免疫力”的增强、系统和整个网络的优化以及人员这个在系统中最重要角色的素质的提升，都是该安全系统没有考虑到的问题。

（三）IATF 信息保障技术框架

与 P2DR 模型一样被人们重视的另一个模型是 IATF 信息保障技术框架是由美国国家安全局组织专家编写的一个全面描述信息安全保障体系的框架，它提出了信息保障时代信息安全需要考虑的要素。正是因为在信息安全工作中人们意识到构建信息安全保障体系必须将技术、管理、策略、工程和运维等各个方面的要素紧密结合，安全保障体系才能真正完善和发挥作用，IATF 才能成为一个流行的信息安全保障体系模型。IATF 首次提出了信息保障需要通过人、技术、个人操作来共同实现组织职能和业务运作的思想，同时针对信息系统的构成特点，从外到内定义了四个主要的技术关注层次，包括网络基础设施、网络边界、计算环境和支撑基础设施。完整的信息保障体系在技术层面上应实现保护网络基础设施、保护网络边界、保护计算机环境和保护支撑基础设施，形成“深度防护战略”。

（四）WPDRRC 信息安全模型

WPDRRC 信息安全模型是我国“863”信息安全专家组提出的适合中国国情的信息系统安全保障体系建设模型，它在 PDR 模型的前后增加了预警和反击功能，它吸取了 IATF 需要通过人、技术和操作来共同实现组织职能和业务运作的思想。WPDRRC 模型有 6 个环节和 3 个要素：6 个环节包括预警（W）、保护（P）、检测（D）、响应（R）、恢复（R）和反击（C），它们具有较强的时序性和动态性，能够较好地反映出信息系统安全保障体系的预警能力、保护能力、检测能力、响应能力、恢复能力和反击能力；3 大要素包括人员、策略和技术，人员是核心，策略是桥梁，技术是保证，落实在 WPDRRC 的 6 个环节的各个方面，将安全策略变为安全现实。

各类安全保护模型各有优缺点，OSI 安全体系结构和 PDR 安全保护模型是早期提出的安全保护模型，其过于关注安全保护的技术要素，忽略了重要的管理要素，存在一定的局限性：IATF 信息保障技术框架和 WPDRRC 信息安全模型融入了人员、技术和管理的要素，并且分别从信息系统的构成角度和安全防护的层次角度提出了安全防护体系的构成思想，因此成为最为流行的安全保护模型而被广泛应用。

第五节　网络安全防护发展趋势

随着信息安全技术的发展，我们经历了从基本安全隔离、主机加固阶段，到后来的网络认证阶段，直到将行为监控和审计也纳入安全的范畴。这样的演变不仅仅是为了避免恶意攻击，更重要的是为了提高网络的可信度。为了保证信息网络的安全性，降低信息网络所面临的安全风险，单一的安全技术是不够的。根据网络信息系统面临的不同安全威胁以及不同的防护重点和出发点，有对应的不同网络安全防护方法。

一、基于主动防御的边界安全控制

以内网应用系统保护为核心，在各层的网络边缘建立多级的安全边界，从而进行安全访问的控制，防止恶意的攻击和访问。这种防护方式更多的是通过在数据网络中部署防火墙、入侵检测、防病毒等产品来实现。

二、基于攻击检测的综合联动控制

所有的安全威胁都体现为攻击者的一些恶意网络行为，通过对网络攻击行为特征的检测，从而对攻击进行有效的识别，通过安全设备与网络设备的联动进行有效控制，从而防止攻击的发生。这种方式主要是通过部署漏洞扫描、入侵检测等产品，并实现入侵检测产品和防火墙、路由器、交换机之间的联动控制来完成的。

三、基于源头控制的统一接入管理

绝大多数的攻击都是通过恶意的终端用户发起，通过对接入用户的有效认证以及对终端的检查可以大大降低信息网络所面临的安全威胁。这种防护通过部署桌面安全代理，并在网络端设置策略服务器，从而实现与交换机、网络宽带接入设备等联动实现安全控制。

四、基于安全融合的综合威胁管理

未来的大多数攻击将是混合型的攻击，某种功能单一的安全设备将无法有效地对这种攻击进行防御，快速变化的安全威胁形势促使综合性安全网关成为安全市场中增长最快的领域。这种防护通过部署融合防火墙、防病毒、入侵检测、VPN 等为一体的 UTM 设备来实现。

五、基于资产保护的闭环策略管理

信息安全的目标就是保护资产，信息安全的实质是“三分技术、七分管理”。在资产保护中，信息安全管理将成为重要的因素，制定安全策略、实施安全管理并辅以安全技术配合将成为资产保护的核心，从而形成对企业资产的闭环保护。目前典型的实现方式是通过制定信息安全管理制度，同时采用内网安全管理产品以及其他安全监控审计产品等，从而实现技术支撑管理。

采用“堵漏洞、作高墙、防外攻”等防范方法的纵深防御网络在过去的一段时间里对信息网络的安全管理发挥了重要作用。但是目前网络威胁呈现出复杂性和动态性的特征，黑客日益聚焦于混合型攻击，结合各种有害代码来探测和攻击系统漏洞，并使之成为“僵尸”或跳板，再进一步发动大规模组合攻击。攻击速度超乎想象，已经按小时和分钟来计算，出现了所谓大量的零日或零小时攻击的新未知攻击。用户更需要零距离、多功能的综合保护。安全能力与网络能力的融合，使网络具备足够的安全性能，将成为信息网络发展的趋势。安全免疫网络基于主动防御的理念，通过安全设备融合网络功能、网络设备融合安全能力，以及多种安全功能设备的融合，并与网络控制设备进行全网联动，从而有效防御信息网络中的各种安全威胁。

第九章　网络安全防护技术

第一节　物理安全技术

一、物理安全概述

在干燥的季节里，轻微的活动所引起的衣物的摩擦，就可能产生电位很高的静电。这种静电可能造成网络设备里的芯片的损坏或性能降低，也可能造成软件的逻辑混乱。雷击的浪涌电流可能通过电源线进入机房，损坏网络设备机房。如果选址不当，可能由于房顶漏雨或暖气管破裂造成水患，淹没设备或损毁数据。在一场火灾或者地震的浩劫中，机房和设备的损毁倒是其次，重要数据的破坏可能会带来无可弥补的损失。老鼠是大家都讨厌的东西，殊不知它们还会危害网络，光缆屡遭破坏的事例常见诸报端。当支配社会财富的权力集中在网络里某个地方所储存的一些数据的时候，对于这些数据的争夺便会闪现出刀光剑影的一面。盗窃、破坏、欺骗、出卖……所有我们在莎士比亚和关汉卿的戏剧里看到的古典的罪恶勾当在这个网络时代都会花样翻新。物理与环境的安全对于网络具有绝对的重要性。

（一）物理安全的概念

物理安全又叫实体安全（Physical Security），是保护计算机设备、设施（网络及通信线路）免遭地震、水灾、火灾、有害气体和其他环境事故（如电磁污染等）破坏的措施和过程。实体安全技术主要是指对计算机及网络系统的环境、场地、设备和通信线路等采取的安全技术措施，物理安全技术实施的目的是保护计算机及通信线路免遭水、火、有害气体和其他不利因素（人为失误、犯罪行为）的损坏。

影响计算机网络实体安全的主要因素有：计算机及其网络系统自身存在的脆弱性因素；各种自然灾害导致的安全问题；由于人为的错误操作及各种计算机犯罪导致的安全问题。物理安全应该建立在一个具有层次的防御模型上，即多个物理安全控制器应在一个层次结构中同时起作用。如果某一层被打破了，那么其他层还可以保证物理设备的安全。层次保护次序应该从外到内实现。例如，最外边有一道栅栏，然后是墙、钥匙卡、门卫、入侵检测和配锁机箱的计算机。这一系列层次会保护放在最里边的资产的安全。假如一个坏人已经爬过你的栅栏，并躲过了你的门卫，剩下的层次仍然能阻止他拿到你宝贵的资产。

物理安全的实现要通过适当的设备构建：火灾和水灾破坏的防范，适当的供暖、通风和空调（HVAC）控制，防盗机制，入侵检测系统和一些不断坚持和加强的安全操作程序。实现这种安全的因素包括良好的、物理的、技术的和管理上的控制机制。

所谓“安全”，包括保护人和硬件。通过提供一个安全的和可以预见的工作环境，安全机制应该能够提高工作效率。它使得员工们能够专注于自己手头的工作，那些破坏者也将因为犯罪风险的增大而转向更加容易的目标。无论如何这是我们的希望所在。

与计算机和信息安全相比，物理安全要考虑一套不同的系统的脆弱性方面的问题。这些脆弱性与物理上的破坏、入侵者、环境因素，或是员工错误地运用了他们的特权并对数据或系统造成了意外的破坏等方面有关。当安全专家谈到“计算机”安全的时候，说的是一个人如何能够通过一个端口或者是调制解调器以一种未经授权的方式进入一个计算机网络环境。当谈到“物理”安全的时候，他们考虑的是一个人如何能够物理上进入一个计算机网络环境以及环境因素是如何影响系统的。换个方式说，就是什么类型的入侵检测系统对特定的物理设备最为有利。

（二）物理安全的威胁

物理安全所面临的主要威胁有盗窃、服务中断、物理损坏、对系统完整性的损害，以及未经授权的信息泄露等方面。

物理上的偷盗通常造成计算机或者其他设备的失窃。替换这些被盗设备的费用再加上恢复损失的数据的费用，就决定了失窃所带来的真实损失。在许多时候，企业只会准备一份硬件的清单，它们的价值被加入到风险分析中去，以决定如果这个设备被偷盗或是损坏，将带来的巨大的损失。然而，这些设备中保留的信息可能比设备本身更有价值，因此，为了得到一个更加实际和公正的评估，合适的恢复机制和步骤也需要被包括到风险分析当中去。

服务中断包括计算机服务的中断、电力和水源供应的中断，以及无线电通信的中断。这些情况都必须被考虑到，并且必须提供相应的应急措施。在加州的电力资源和供应都十分紧张的时候，许多公司都经历过电力的管制，这对它们来说无疑是一场梦魇，这些因素带来了在业务活动持续性和灾难恢复计划方面的一系列问题，同时也带来了物理安全方面所考虑的问题。设想一个计算机网络失去了电力的供应,那么它们的电子安全系统和计算机控制的入侵检测系统都将不起作用，这使得一个入侵者能够轻松地进入。因此，一个备用的发电机或者是一套备用的安全机制都应该被考虑到，而且应该为之准备适当的经费。

根据对通信服务的依赖程度及可能需要备份的措施来保证冗余性，或者是在适当的时候激活备用的通信电路。如果一家公司为一个大的软件制造商提供呼叫中心，那么如果它们的电话通信会突然地中断一段时间，软件制造商的收益就会受到影响。股票经纪人需要通过内部网络、因特网和电话线与许多其他机构保持联系，如果一个股票经纪人公司丧失了通信能力，它们和它们的客户的利益都会受到严重影响。其他的公司可能对通信没有这样大的依赖性，但是我们仍然需要评估它的风险，做出明智的决定，并且需要有替换的装置。

计算机服务的中断主要是备份和冗余磁盘阵列（RAID）保护机制。物理安全更加注重于为计算机网络本身及它们所在环境提供安全保护。物理损害带来的损失的大小取决于维修或更换设备、恢复数据的费用以及造成的服务中断所带来的损失。

物理安全对策同样也对未经授权的信息泄露及系统可用性和完整性提供保护。未经授权的个人有许多方法可以得到信息。网络通信的内容能够被监视，电子信号能够从空间的无线电波中析取出来，计算机硬件和媒质可能被偷盗和修改。在以上所说的这些类型的安全隐患和风险中，物理安全都扮演着重要的角色。

（三）物理安全的内容

物理安全有环境安全、电源系统安全、设备安全和通信线路安全等。物理安全包括以下主要内容：

1. 网络机房的场地、环境及各种因素对计算机设备的影响

2. 网络机房的安全技术要求

3. 计算机的实体访问控制

4. 网络设备及场地的防火与防水

5. 网络设备的静电防护

6. 计算机设备及软件、数据和线路的防盗防破坏措施

7. 重要信息的磁介质的处理、存储和处理手续的有关问题

二、环境安全

必须保护的环境包括所有的人员、设备、数据、通信设施、电力供应设施和电缆。而必要的保护级别则取决于这些设备中的数据、计算机设备和网络设备的价值。这些东西的价值可以用一种叫“关键路径（critical-path）分析”的方法得到。在这种方法中，基础设施中的每一项及保持这些设施得以正常工作的项目都被列出来，这项分析同时也勾画出数据在网络中传输时通过的路径。数据可能从远程用户传送到服务器，从服务器传送到工作站，从工作站传送到大型机，或是从大型机传送到大型机等等。对这些路径及可能造成其中断的威胁的了解有着十分重要的意义。

关键路径分析需要列举出环境中所有的元素及它们之间的相互作用和相互依赖关系。我们需要用图来表示设备、它们的位置以及和整个设施的关联。这种图应该包括电力、数据、供水和下水道管线。为了提供一个完整的描述和便于理解，空调器、发电机和暴雨排水沟有时也应该包括在关键路径图中。

关键路径被定义为对业务功能起关键作用的路径。它应该被详细地显示出来，包括其中的所有的支持机制。冗余的路径也应该被显示出来，而且对每一条关键路径，都至少有一条冗余路径与之对应。

在过去，计算机房中配备专人进行适当的操作和维护通常是十分必要的。现在，计算机房中的服务器、路由器、桥接器、主机和其他设备都是被远程控制的，这样计算机就可以放在不被许

多人打扰的地方。因为不再有员工长时间地坐在计算机房中工作，这些房间的建造就应该更多地考虑到如何适合设备的运转而不是人的工作。

（一）网络机房

网络机房通常不必要为人提供操作的方便和舒适，它们变得越来越小，可能也不再需要安装昂贵的灭火系统，在过去，灭火系统是保护工作在计算机房内员工的常用方式，这样的系统的安装和维护费用都很高。当然灭火系统还是需要的，但是由于这些区域内人的生命不再是考虑的主要因素，于是可以使用其他类型的灭火系统。为了节省空间，小一些的系统应该被垂直堆叠。它们应该安放在架子上，或者放置在设备柜中。配线应该紧密围绕设备进行，这样可以节省电缆的成本并且不容易引起混淆。

这些区域的位置应该在建筑物的核心区域，并靠近配线中心。保证只有一个进入的通道是十分必要的，还要保证没有直接进入其他非安全区域的通道。从一些公共的区域，如楼梯、走廊和休息室不能进入这些安全区域。这样就可以保证，当一个人站在通向安全区域的门前的时候，和他站在通向休息室或者一些聊天或喝咖啡的地方的路上的时候有着明显不同的感受。

我们需要估计和计算网络机房的墙壁、地板、天花板的负载（也就是它们能够承载的重量），以保证在不同的情况下这座建筑物都不会倒塌。这些墙壁、天花板和地板一定要包含有必要的材料，以提供必要的防火级别。有时候对水的防护也一样的重要。根据窗户的布置和建筑内容纳的东西，内部和外部的窗户可能需要提供对紫外线（UV）的防护，可能需要是防碎的，或是半透明的或不透明的。内部和外部的门可能需要开关是单向的、防止强行进入，需要有紧急出口（和标志），根据布置、可能还需要监视和附加的报警装置。在大多数建筑中，使用加高的地板来隐藏电线和管线，但是相应地，这种地板必须被电气接地，因为它们被提高了。

建筑规范能够调整以上的所有因素并使之达到要求，但是每一项中仍然有一定的选择余地。正确的选择应该能够完全满足公司安全方面的机能，同时是经济的。

当设计和建造网络机房时，以下的几条从物理安全的角度来看是比较重要的：

1. 墙壁

阻燃材料（木材、钢材、混凝土）

防火级别

特殊安全区域的加强

2. 门

阻燃材料（木材，压制板材、铝制的）

防火级别

对强行进入的抵抗性

紧急标志

位置布置

警报装置

安全钗链

单向开关

当停电时，为了员工能够安全离开，电子门锁应该恢复到无效状态。

玻璃的种类—如果有必要，它们可能需要是防碎或防弹的。

3. 天花板

阻燃材料（木材、钢材、混凝土）

防火级别

负重的承受程度

考虑到天花板落下的意外情况

4. 窗户

半透明或者不透明

防碎

报警装置

位置的布置

可接近性（入侵者是否能够打碎玻璃进入建筑）

5. 地板

负重的承受程度。

阻燃材料（木材、钢材、混凝土）

防火级别

提高的地板（电气接地问题）

绝缘的表面和材料

6. 供暖、通风和空调

正的气压

受保护的通风口入口

专用的电力管线

紧急状态下自动关闭的阀门和开关

位置的布置

7. 电力供应

备用和轮换的电力供应

清洁、稳定的电力资源

特需的区域使用专用的馈电线

位置的布置，对分布的面板和断路开关的控制

8. 供水和天然气管线。

管道阀门

正向流动（例如，管道内的物质应该流出该建筑，而不是流入）

位置的布置

9. 火灾的检测和排除。

传感器和探测器的放置

喷水装置的放置

喷水装置和探测装置的类型选择

在建造建筑物的计划阶段中需要安全专家的参与，在建造安全的建筑物和环境时，上面列出的几条都必须落实。

（二）火灾的预防和扑救

如果不讨论火灾的问题，有关物理安全的讨论就显得不完全。有关火灾的预防、探测和排除方面有国家的和地方的标准需要满足。在火灾的预防方面，我们需要训练员工在遇到火灾时如何做出适当的反应，提供正确的灭火器具并保证它们能够正常地工作，确保附近有容易得到的水源，以适当的方式存放易燃易爆的物品。

火灾探测系统有许多种形式。我们可以在许多建筑物的墙上看到红色的手动推拉报警装置，自动的探测装置拥有传感器，在探测到火灾的时候会做出反应。这种自动系统可能是一个自动喷淋系统或者是一个 Halon 释放系统。自动喷淋系统被广泛地使用，在保护建筑物和里面的设施方面很有效果。在决定安装哪种灭火系统时，需要对许多因素做出评估，包括对火灾的可能发生率的估计，对火灾可能造成损害的估计，另外，应对系统的类型本身做出评估。

火灾的防护包括早期的烟雾探测，以及关闭系统直到热源消失为止，这样才不会发生燃烧现象。如有必要，应设置一个装置来关闭整个系统。首先应该给出一个警告的声音信号，还应提供一个重置按钮，以便在问题得到控制和危险已经排除的情况下能够停止自动关闭系统的操作。火灾的防范要贯彻预防为主、防消结合的方针。平时加强防范，清除一切火灾隐患，一旦失火，则要临危不乱，积极扑救，灾后做好弥补恢复，减少损失。

1. 火灾的预防

（1）机房应当严格选址和设计施工，保证符合消防要求

机房的设计应当按照国家工程建筑消防技术标准进行设计和施工，竣工时，必须经公安消防机构进行消防验收。建筑构件和建筑材料的防火性能必须符合国家标准或者行业标准。室内装修、装饰根据国家工程建筑消防技术标准的规定，应当使用不燃、难燃材料，必须选用依照产品质量法的规定确定的检验机构检验合格的材料。

（2）建立消防安全责任制

制定消防安全制度、消防安全操作规程；实行防火安全责任制，确定本单位和所属各部门、

岗位的消防安全责任人；针对本单位的特点对职工进行消防宣传教育；组织防火检查，及时消除火灾隐患；按照国家有关规定配置消防设施和器材、设置消防安全标志，并定期组织检验、维修，确保消防设施和器材完好、有效；保障疏散通道、安全出口畅通，并设置符合国家规定的消防安全疏散标志。

（3）机房严禁烟火

严禁在机房吸烟。不得在机房内使用电炉取暖。严禁机房和生活用房混用及在机房内住宿、烤火、做饭。进行电焊、气焊等具有火灾危险的作业的人员和自动消防系统的操作人员，必须持证上岗，并严格遵守消防安全操作规程。

（4）网络电器设备质量与配电的安全

网络电器设备质量必须符合国家标准或者行业标准口电器产品的安装、使用和线路设计、铺设，必须符合国家有关消防安全技术规定。配电设备应当留有相当宽裕的容量。

2. 火灾的扑救

第一，发现火灾时应当立即切断电源，并立即报警。

第二，应当用手提式干粉或“1211”灭火器扑灭电气火灾，严禁使用水或泡沫灭火器。

第三，抢救设备器材，严密保护秘密数据文件介质。

第四，火灾扑灭后，应当保护好现场，接受事故调查，如实提供火灾失事的情况。

（三）水患的防范

第一，为了防备漏雨或暖气漏水浸湿机器设备，机房不宜设在楼房的顶层或底层。考虑到接地和光缆出线的方便，一般以 2、3 层为宜。

第二，雨季来临前应当对机房门窗的防雨进行检查。

（四）通风

空气通风方面必须达到以下要求才能够提供一个安全而舒适的环境：为了保证空气的质量，必须安装一个环路空气再循环调节系统。“环路（closed-loop ）”意味着建筑物内的空气在适当过滤后被重新利用，而不是引入外界的空气。为了控制污染，必须采用正向的加压和通风措施。正向加压的意思就是说，当员工打开房间的门的时候，空气从里面流向外面，而外面的空气不能够进入。设想如果一处建筑失火，在人们疏散的时候显然希望烟能够向门外扩散而不是向门里面扩散。

我们需要了解污染物是如何进入到环境中来的，它们可能造成的损害，以及保证设备免受危险物质或超标的污染物损害的应对措施。通过空气传播的物质及颗粒物的浓度必须被跟踪监视，以防止它们的浓度太高。灰尘可能会阻塞用来冷却设备的电扇，这样就会影响设备的正常工作。如果空气中含有的某种气体的浓度超过一定水平，就会加速设备的腐蚀，或是给它们的运转带来问题，甚至使一些电子器件停止运行。尽管大多数的磁盘驱动器都是密封的，但是其他的一些存储介质还是会受到空气中污染物的影响。空气清洁设备和通风装置可以用来处理这些问题。

三、供电系统安全

（一）静电的防护

1. 静电对网络设备的影响

计算机房的防静电技术，是属于机房安全防护范畴的一部分。由于种种原因而产生的静电，是发生最频繁、最难消除的危害之一。静电不仅会让计算机运行出现随机故障，而且还会导致某些元器件，如 CMOS 电路、MOS 电路、双级性电路等的击穿和毁坏。此外，静电还会影响操作人员和维护人员的正常的工作和身心健康。计算机在国民经济各个领域，诸如气象预测预报、航空管理、铁路运输、邮电业务、微波通信、证券营运、财政金融、人造卫星、导弹发射等方面的应用日益普及和深入，这些领域都是与国民经济息息相关的，一旦计算机系统在运行中发生故障，特别是重大的故障会给国民经济带来巨大的损失，造成的政治影响更不容忽视。

静电引起的问题不仅硬件人员很难查出，有时还会使软件人员误认为是软件故障，从而造成工作混乱。此外，静电通过人体对计算机或其他设备放电时（即所谓的打火），当能量达到一定程度，也会给人以触电的感觉，造成操作系统的维护人员的精神刺激，影响工作效率。如何防止静电的危害，不仅涉及计算机的设计，而且与计算机房的结构和环境条件有很大的关系。

静电对计算机的影响，主要体现在静电对半导体器件的影响上。可以说半导体器件对静电的敏感，也就是计算机对静电的敏感。随着计算机工业的发展，组成电子计算机的主要元件一半导体器件也得到了迅速的发展。由于半导体器件的高密度、高增益，又促进了电子计算机的高速度、高密度、大容量和小型化。与此同时，也导致了半导体器件本身对静电的反应越来越敏感。静电对电子计算机的影响表现为两种类型：一种是元件损害，一种是引起计算机误动作或运算错误。

元件损害主要是计算机的中、大规模集成电路，对双极性电路也有一定的影响，对于早期的 MOS 电路，当静电带电体（通常静电电压很高）触及 MOS 电路管脚时，静电带电体对其放电，使 MOS 电路击穿。

近年来，由于 MOS 电路的密度高、速度快、价格低，因而得到了广泛的应用和发展目前大多数 MOS 电路都具有端接保护电路，提高了抗静电的保护能力。尽管如此，在使用时，特别是在维修和更换时，同样要注意静电的影响，过高的静电电压依然会使 MOS 电路击穿。静电引起的误动作或运算错误，是由静电带电体触及计算机时对计算机放电，有可能使计算机逻辑元件输入错误信号，引起计算机出错，严重时还会使送入计算机的计算程序紊乱。此外，静电对计算机的外部设备也有明显的影响。带阴极射线管的显示设备，当受到静电干扰时，会引起图像紊乱，模糊不清。静电还会造成 Modem、网卡、Fax 等工作失常，打印机的走纸不顺等故障。

2. 静电危害的防护措施

（1）铺设防静电地板

在建设和管理计算机房时，分析静电对计算机的影响，研究其故障特性，找出产生静电的根源，制定减少以至消除静电的措施，始终是一个重要课题。其中，铺设防静电地板是主要措施之一。

（2）不穿着会引起静电的衣物

机房工作人员的衣服鞋袜不要使用化纤或塑料等容易摩擦产生静电的材料的制成品。如果你穿着了容易产生静电的大衣，应当在隔离区之外把它脱下来。尤其要引起注意的是有时会有一些领导或来宾到机房参观，一般以在隔离区外通过大玻璃窗观看比较安全，因为你很难限制他们的着装。

（3）拆装检修机器时带上防静电手环

工作人员在拆装和检修机器时，为防止静电和人体在交流电场里的感应电位对计算机的影响，应当在手腕上带上防静电手环，该手环通过柔软的导线良好接地。无关人员应当限制进入现场，以避免静电危害的发生。

（二）电源保护措施

有 3 种主要的方法来防范电源可能出现的问题：不间断电源（UPS）、电力线调节器和备用电源。UPS 使用电池来供电，电池的大小和容量不等。UPS 分为在线和离线两种。在线系统使用交流线电压来为UPS 的电池组充电，在使用时，UPS 用一个逆变器将电池的直流输出转变为交流、并将电压调整为计算机工作时所需要的大小。

离线 UPS 在正常情况下不工作，直到电源被切断。这种系统拥有可以探测到断电的传感器，这时负载就自动切换为由电池供电。

如果电力供应中断的时间超过了 UPS 电源的持续时间，就需要备用的电源了。备用的电源可以是从另一个变电站或是另一个发电机接过来的电力线，用来为系统供电或是为 UPS 的电池系统充电。

有一些关键的系统需要免受电力供应中断的干扰，需要将这些设备挑选出来，并且应该弄清楚备用电源需要坚持多少时间及每个设备需要的电量。一些 UPS 提供的电量仅够系统完成一些后续工作，然后正常地关闭，有的提供的电量够系统继续运行很长一段时间。需要确定在停电的时候，UPS 系统是应该为系统适当关闭提供电源，还是应该使得系统继续运行以提供一些必需的服务。

仅仅将发电机买来放在柜子里并不能使公司得到安全，应该做定期的检查，以保证备用电源能够运行并且达到期望的要求。如果到了停电的时候才发现发电机不能工作了，或是忘了买发电机运转所必需的天然气，那显然很糟糕。

（三）防范雷击

据统计资料显示，每年全世界各地因雷击至少造成 100 亿美元的电子设备被击坏，值得关注的是雷电不仅仅破坏系统设备，更为重要的是使系统的通讯中断、工作停顿、声誉受损，其间接损失不可估量。

1. 雷击防范的基本原则

从 EMC（电磁兼容）的观点来看，防雷保护由外到内应划分多级保护区。最外层为 0 级，是直接雷击区域，危险性最高，主要是由外部（建筑）防雷系统保护，越往里则危险程度越低。保护区的界面划分主要通过防雷系统、钢筋混凝土及金属管道等构成的屏蔽层而形成，从 0 级保护区到最内层保护区，必须实行分层多级保护，从而将过电压降到设备能承受的水平。一般而言，雷电流经传统避雷装置后约有 50% 是直接泄入大地，还有 50% 将平均流入各电气通道（如电源线、信号线和金属管道等）。

总的防雷原则是：将绝大部分雷电流直接引入地下泄散（外部保护）；阻塞沿电源线或数据、信号线引入的过电压波（内部保护及过电压保护）；限制被保护设备上浪涌过压幅值（过电压保护）。这三道防线，相互配合，各行其责，缺一不可。

为了彻底消除雷电引起的毁坏性的电位差，就特别需要实行等电位联接，目的是减少需要防雷的空间各金属部件和各系统之间的电位差，电源线、信号线、金属管道、接地线都要通过过压保护器进行等电位联接，各个内层保护区的界面处同样要依此进行局部等电位联接，各个局部等电位联接棒相互联接，并最后与主等电位联接棒相连。电位均衡联接，就是使用导电性良好的导体联接，使它们达到电位相等，为雷电流提供低阻抗通道，以使它迅速泄流入地。

随着计算机通信设备的大规模使用，雷电以及操作瞬间过电压造成的危害越来越严重，以往的防护体系已不能满足电脑通信网络安全的要求。应从单纯一维防护（避雷针引雷入地即无源防护）转为三维防护（有源和无源防护），包括防直击雷、防感应雷电波侵入、防雷电电磁感应、防地电位反击以及操作瞬间过电压影响等多方面作系统综合考虑。

2. 雷击防范的主要措施

雷击防范的主要措施是，根据电气、微电子设备的不同功能及不同受保护程序和所属保护层确定防护要点作分类保护；根据雷电和操作瞬间过电压危害的可能通道从电源线到数据通信线路都应做多级层保护。

（1）外部无源保护

在 0 级保护区即外部作无源保护，主要有避雷针（网、线、带）和接地装置（接地线、地网）。其保护原理为当雷云放电接近地面时，它使地面电场发生畸变。在避雷针（线）顶部，形成局部电场强度畸变，以影响雷电先导放电的发展方向，引导雷电向避雷针（线）放电，再通过接地引下线，接地装置将雷电流引入大地，从而使被保护物免受雷击。这是人们长期实践证明的有效的防直击雷的方法。然而，以往一般认为用避雷针架空得越高越好（一般只按 45° 考虑），且使用被动放电式避雷针，其反应速度差，保护的范围小以及导通量小。根据现代化发展的要求，避雷针应选择提前放电主动式的防雷装置，并且应该从 30° 、45° 、60° 等不同角度考虑安装，以做到对各种雷击的防护，增大保护范围以及增加导通量。建筑物的所有外露金属构件（管道），都应与防雷网（带、线）良好连接。

（2）内部防护

①电源部分防护

雷电侵害主要是通过线路侵入。高压部分电力局有专用高压避雷装置，电力传输线把对地的电力限制到小于 6000V（IEEE EC62.41），而线对线则无法控制。所以，对 380V 低压线路应进行过电压保护，按国家规范应为三部分：在高压变压器后端到楼宇总配电盘间的电缆内芯线两端应对地加避雷器，作一级保护；在楼宇总配电盘至楼层配电箱间的电缆内芯线两端应对地加装避雷器，作二级保护；在所有重要的、精密的设备以及 UPS 的前端应对地加装避雷器，作为三级保护。目的是用分流（限幅）技术即采用高吸收能量的分流设备（避雷器）将雷电过电压（脉冲）能量分流泄入大地，达到保护目的，所以分流（限幅）技术中采用防护器的品质、性能的好坏是直接关系网络防护的关键，因此选择合格优良的避雷器至关重要。

②信号部分保护

对于信息系统，应分为粗保护和精细保护。粗保护量级根据所属保护区的级别确定，精细保护要根据电子设备的敏感度来进行确定，其主要考虑的如卫星接收系统、电话系统、网络专线系统、监控系统等。建议在所有信息系统进入楼宇的电缆内芯线端应对地加装避雷器，电缆中的空线对应接地，并做好屏蔽接地，其中应注意系统设备的在线电压、传输速率、按口类型等，以确保系统正常的工作。

（3）接地处理

在计算机机房的建设中，一定要求有一个良好的接地系统，因所有防雷系统都需要通过接地系统把雷电流泄入大地，从而保护设备和人身安全。如果机房接地系统做得不好，不但会引起设备故障、烧坏元器件，严重的还将危害工作人员的生命安全。另外还有防干扰的屏蔽问题，防静电的问题都需要通过建立良好的接地系统来解决。

一般整个建筑物的接地系统有：建筑物地网（与法拉第网相接）、电源地（要求地阻小于 10Ω）、逻辑地（也称信号地）、防雷地等，有的公司（如 IBM）要求另设专用独立地，要求地阻小于 4Ω（根据实际情况可能也会要求小于 1Ω）。然而，各地必须独立，如果相互之间距离达不到规范要求的话，则容易出现地电位反击事故，因此各接地系统之间的距离达不到规范的要求时，应尽可能联接在一起，如实际情况不允许直接联接的，可通过地电位均衡器实现等电位联接。为确保系统正常工作，应每年定期用精密地阻仪检测地阻值。接地装置由接地极及一些附件、辅助材料组成。

四、设备安全

为了计算机网络免受破坏性活动带来的后果，需要采用一些保护性的措施。在许多时候，这些保护性的措施都要使用一些安全组件，而这些组件已经是环境的一部分了，这样就不需要增加额外的预算，而且也不会浪费已有的投资。这些措施包括：备份关键的数据；对那些已经是操作系统和硬件的一部分的安全组件进行配置，而不是另外去购买相同功能的部分；对员工活动进行监控；对网络进行物理上和逻辑上的分离；让安全保卫人员在部门之间四处活动而不是停留在一处。这些措施都会为公司提供多一层的安全保护，而并不会增加额外的开销。

如果有一项安全保护机制只需要很低的成本而能够带来实质性的收益，那么就应该将它付诸实施。锁是便宜的防范工具，却能够使设备和其中的容纳物免受盗窃和破坏。给外面的门装上链条可以使那些潜在的抢劫者转向其他目标。一间里面并没有保安人员的保安房间会使那些想外出闲逛、破坏财产或者是想在厂房或设施上乱涂乱画的人望而却步。维护这些安全机制的成本微乎其微，但是它们带来的收益是很大的，因此，我们应该将它们付诸实施。

（一）冗余设备备份

许多网络机房在遭遇紧急情况之后会使用一个备用的地点来进行恢复工作，因为不太可能两个地方遭遇同样的灾难。这样看起来，这个方法是比较谨慎的。这两个地方离得越远，安全的因素也就越大，但是两个地点之间人员、器材和数据的运输成本也就越高。如果必须使用备用地点，那么需要一笔初始的成本来将其投入运行并将合适的人员调度到合适的地方去。然而，可以想象这样一种情况，如果要在一个离本地 100 英里的备用地点完成一项工作，工作持续 1 个月，那么为员工提供生活区和交通费用就将是必须考虑的问题了。

尽管可能对严重的灾难事件无能为力，准备冗余硬件仍然可以应付一些小的紧急事件。如果某个文件服务器为公司提供一项很重要的服务，这项服务需要一天 24 小时、一周 7 天不间断地提供，那么我们通常会为这台服务器维护一个镜像，或者采用 RAID 技术来保护这些数据。但是硬件本身又怎么样呢？如果系统有物理的损伤，那么即使有了有用的数据也无济于事，因为没有一个正常的系统能够安装上这些数据。我们必须确定设备拥有硬件供应商的最新的服务等级协议（service level agreement，SLA），以保证它们能够为我们提供必需的保护。如果一个硬件供应商承诺 3 天内能够修复故障，而仅仅 3 个小时的故障就会给公司的业务造成巨大的利润损失，那么我们说这是一个不符合实际的保护机制。

每个设备都有一个平均故障间隔时间（Mean Time Between Failure，MTBF）和一个平均修复时间（Mean Time To Repair，MTTR）。MTBF 用来估计一个设备的正常连续工作时间，或者说用来估计这个设备什么时候会出现故障。MTTR 用来估计修理所用的时间。这些估计值可以用来计算设备故障的风险，并用来评价设备的优劣。如果一个公司有一间机房中有 200 台服务器，而这个机房又依赖于一台制冷设备，那么为了防止设备故障带来的损失，应该备有一个或多个备用设备。或者应该将一个网络部门的员工送去接受培训，使其能够快速地修复这个设备，以保证一个较低的 MTTR 值。

使用冗余的硬件在设备故障或紧急情况时提供保护可能会比较昂贵，但是我们也要考虑到如果不采取这样的备用措施带来的后果及所造成的损失一考虑以下一些因素的成本会有助于我们做出正确的决定：供应商的服务等级协议、所需要的冗余设备、MTTR 和 MTBF 值，同时应该考虑到我们对关键设备的成本的期望值。

（二）核心数据备份

数据备份看起来很麻烦，只有当网络瘫痪、数据丢失或损坏、用户和管理层怨声载道的时候例外。这时候适当的备份要胜过安全防护措施。只有心存防备的想法，才能做好持续的和一致的备份工作，因为没有人能够预言什么时候会发生故障，以及故障将发生到什么程度。对安全中的许多其他问题而言，当恢复所花的费用超过保护措施的费用的时候，通常我们就应该采用保护措施了。

并不是所有的数据都需要备份，因此将关键的、重要的和具有普遍意义的数据鉴别出来是十分重要的。这就是一个建立不同类型数据、应用程序和程序代码的优先级别的过程。如果一个人想备份所有的数据，那么很可能没有数据被适当地保存下来。建立备份的优先级是很重要的，这样在紧急的情况下，高优先级的数据应该优先于其他数据而被还原。那些使得各个设备之间能够通信并从服务器中取得数据的程序，以及那些处理关键的业务数据的程序是在线运行的，因此必须时刻保证它们的可靠性。适当地运用优先级将各种数据分级，能够使得备份计划更加实际，保证关键的工作能够按时完成，同时所花的费用也是可以接受的。在需要的时候，不仅仅是数据需要备份，为了创造一个平稳、成功运行的网络环境，硬件、电力供应和员工都是很重要的。

（三）设备访问控制

从物理安全的角度来看，物理的和技术的设备都需要加强访问控制，访问控制为设施、计算机和人提供保护。在一些情况下，物理访问控制和对人身生命的保护在客观上是相互矛盾的，在这样的情况下，人的生命应该得到优先考虑。许多物理安全控制措施使得进入一些设施即使不是不可能，也会很困难。但是，如果这样会影响生命安全的话，就需要采取特殊的措施一个使那些坏人不能进入的安全系统应该使得好人在火灾或是类似的紧急情况下能够逃出。

物理访问控制措施使用一些方法来识别试图进入一定设施、地区和系统的人。它能够保证让允许的人进入，将那些不应该进入的人排除在外，并为这些活动维护一个审计记录。保证敏感区域的安全性的最佳措施就是在那里安排人员看守，这样他们可以亲自调查那些可疑的行为；但是，要对他们进行训练，告诉他们什么样的活动是可疑的，以及如何报告这样的活动。

在制定适当的保护机制之前，需要仔细分析什么样的数据是敏感而需要保护的、什么样的人应该被允许进入什么区域、什么样的工作区和系统对公司的业务来说是关键的，以及数据流和工作流是如何在设施中流动的。这样就可以标识出访问控制的关键点，并可以将它们分为外部入口、主要入口和次要入口几类。这样员工从一个特定的入口进入和离开，运来的货物从另外一个入口进入，敏感区域需要着重保护。

五、电磁辐射防护

计算机网络系统工作时产生的电磁辐射可被高灵敏度的接收设备接收并进行分析、还原，造成系统信息泄露。外界的电磁干扰也能使计算机网络系统工作不正常，甚至瘫痪。必须通过屏蔽、隔离、滤波、吸波、接地等措施，提高计算机网络系统的抗干扰能力，使之能抵抗强电磁干扰；

同时将计算机的电磁泄露辐射降到最低。

电磁防护的措施有两类：一类是对传导辐射的防护，主要采取对电源线和信号加装性能良好的滤波器，减小传输阻抗和导线间的交叉耦合；另一类是对辐射的防护。

为了提高电子设备的抗干扰能力，除在芯片、部件上提高抗干扰能力外，主要的措施有屏蔽、隔离、滤波、吸波、接地等，其中屏蔽是应用最多的方法。屏蔽可以有效地抑制电磁信息向外泄露，衰减外界电磁干扰，保护内部的设备、器件或电路，使其能在恶劣的电磁环境下正常工作。可以通过电屏蔽、磁屏蔽、电磁屏蔽来实现，平时所说的屏蔽，一般指电磁屏蔽；还有几种特殊的屏蔽措施，如金属板屏蔽、金属栅网屏蔽、多层屏蔽、薄膜屏蔽等，也能达到预期效果。电磁辐射防护措施可以归结为以下四点：

第一，采用各种电磁屏蔽措施，如对设备的金属屏蔽和各种接插件的屏蔽，同时对机房的暖气管、下水管和金属门窗进行屏蔽和隔离。

第二，利用干扰源，即在计算机系统及网络设备工作的同时，利用干扰装置产生一种与计算机系统辐射相关的伪噪声向空间辐射来掩盖计算机系统的工作频率和信息特征。

第三，选用低辐射设备。

第四，采用微波吸收材料。

计算机网络将更多的安全责任交给了个人用户、网络部门的职员，以及那些管理规程和控制，这和以前使用大型机的时候不同。物理安全并不是只让一个夜警带着手电筒去巡逻就可以解决的问题，现在的安全问题，如果非常技术地说包括各种形式，而且出现了许多有关责任和法律方面的问题。自然灾害、火灾、洪水、入侵者、故意破坏者、环境因素、建筑材料和电力供应是公司整个生命周期内都需要遇到的问题，要为此做好计划，以便能够适当地处理。

在谈到安全问题时，物理安全问题经常被忽略，但是物理安全方面有着真正的威胁和风险，需要引起注意和防备，如果一栋大楼将要被大火夷为平地，这时还有谁会关心黑客对服务器开放端口的攻击呢?

第二节　防火墙

一、防火墙概述

（一）什么是防火墙

防火墙（Firewall）通常是指设置在不同网络（如可信任的企业内部网和不可信的公共网）或网络安全域之间的一系列部件的组合（包括硬件和软件）。它是不同网络或网络安全域之间信息的唯一出入口，能根据企业的安全政策控制（允许、拒绝、监测）出入网络的信息流，且本身具有较强的抗攻击能力。防火墙提供信息安全服务，使 Internet 与 Intranet 之间建立起一个安全网关（Security Gateway），从而保护内部网免受非法用户的侵入。防火墙主要由服务访问规则、验证工具、包过滤和应用网关 4 个部分组成，是实现网络和信息安全的基础设施。

在逻辑上，防火墙是一个分离器，一个限制器，也是一个分析器，有效地监控了内部网 Internet 之间的任何活动，保证了内部网络的安全。

由于防火墙设定了网络边界和服务，因此更适合于相对独立的网络，如 Intranet 等。防火墙成为控制对网络系统访问的非常流行的方法。事实上，在 Internet 上的 Web 网站中，超过三分之一的 Web 网站都是由某种形式的防火墙加以保护，这是对黑客防范最严格、安全性较强的一种方式，任何关键性的服务器都应放在防火墙之后。

（二）防火墙的功能

防火墙能增强内部网络的安全性，加强网络间的访问控制，防止外部用户非法使用内部网络资源，保护内部网络不被破坏，防止内部网络的敏感数据被窃取。防火墙系统可决定外界可以访问哪些内部服务，以及内部人员可以访问哪些外部服务。防火墙具备的最基本的功能包括：

1. 包过滤

早期的防火墙一般就是利用设置的条件，监测通过的包的特征来决定放行或者阻止的，包过滤是很重要的一种特性。虽然防火墙技术发展到现在有了很多新的理念提出，但是包过滤依然是非常重要的一环，如同四层交换机首要的仍是要具备包的快速转发这样一个交换机的基本功能一样。通过包过滤，防火墙可以实现阻挡攻击，禁止外部 / 内部访问某些站点，限制每个 IP 的流量和连接数。

2. 包的透明转发

由于防火墙一般架设在提供某些服务的服务器前，其连接状态一般为 Server-Fire Wall-Guest，用户对服务器的访问的请求与服务器反馈给用户的信息，都需要经过防火墙的转发，因此，很多防火墙具备网关的功能。

3. 阻挡外部攻击

如果用户发送的信息是防火墙设置所不允许的，防火墙会立即将其阻断，避免其进入防火墙之后的服务器中。

4. 记录攻击

防火墙可将攻击行为都记录下来，但是出于效率上的考虑，目前一般记录攻击的事情都交给 IDS（入侵检测系统）来完成了。

以上是所有防火墙都具备的基本功能，防火墙技术就是在此基础上逐步发展起来的。随着防火墙技术的不断发展，一些新的功能也出现在新的防火墙产品中，一般来说，防火墙还应该具备以下功能：

第一，支持安全策略。即使在没有其他安全策略的情况下，也应该支持“除非特别许可，否则拒绝所有的服务”的设计原则。

第二，易于扩充新的服务和更改所需的安全策略。

第三，具有代理服务功能（如 FTP、Telnet 等），包含先进的鉴别技术。

第四，采用过滤技术，根据需求允许或拒绝某些服务。

第五，具有灵活的编程语言，界面友好，且具有很多过滤属性，包括源和目的 IP 地址、协议类型、源和目的 TCP/UDP 端口以及进入和输出的接口地址。

第六，具有缓冲存储的功能，提高访问速度。

第七，能够接纳对本地网的公共访问，对本地网的公共信息服务进行保护，并根据需要删减或扩充。

第八，具有对拨号访问内部网的集中处理和过滤能力。

第九，具有记录和审计功能，包括允许等级通信和记录可以活动的方法，便于检查和审计。

第十，防火墙设备上所使用的操作系统和开发工具都应该具备相当等级的安全性。

第十一，防火墙应该是可检验和可管理的。

（三）防火墙的分类

从不同的角度出发，防火墙可以分为不同类别。从防火墙的组成结构分类，可分为以下三种：

1. 软件防火墙

软件防火墙运行于特定的计算机上，它需要客户预先安装好的计算机操作系统的支持，一般来说这台计算机就是整个网络的网关。软件防火墙就像其他的软件产品一样需要先在计算机上安装并做好配置才可以使用。一般操作系统（如 Windows 等）会自带防火墙功能。使用这类防火墙，需要网管对所工作的操作系统平台比较熟悉。

2. 硬件防火墙

这里说的硬件防火墙是指所谓的硬件防火墙。之所以加上“所谓”二字是针对芯片级防火墙来说的。它们最大的差别在于是否基于专用的硬件平台。目前市场上大多数防火墙都是这种所谓的硬件防火墙，它们都基于 PC 架构，就是说，它们和普通的家庭用的 PC 没有太大区别。在这些 PC 架构计算机上运行一些经过裁剪和简化的操作系统，最常用的有老版本的 Unix、Linux 和 FreeBSD 系统。值得注意的是，由于此类防火墙采用的依然是别人的内核，因此依然会受到 OS 本身的安全性影响。国内的许多防火墙产品就属于此类，因为采用的是经过裁减内核和定制组件的平台，因此国内防火墙的某些销售人员常常吹嘘其产品是“专用的 OS”等，其实是一个概念误导，下面我们提到的第三种防火墙才是真正的 OS 专用。

3. 芯片级防火墙

它们基于专门的硬件平台，没有操作系统。专有的 ASIC 芯片促使它们比其他种类的防火墙速度更快，处理能力更强，性能更高。做这类防火墙最出名的厂商莫过于 NetScreen，其他的品牌还有 FortiNet，算是后起之秀了。这类防火墙由于是专用 OS，因此防火墙本身的漏洞比较少，不过价格相对比较高昂，所以一般只有在需求较高时才考虑。

根据防火墙工作在 TCP/IP 协议中的不同层次，可分为以下两种：

（1）网络层防火墙

网络层防火墙可视为一种 IP 封包过滤器，运作在底层的 TCP/IP 协议堆栈上。我们可以以枚举的方式，只允许符合特定规则的封包通过，其余的一概禁止穿越防火墙（病毒除外，防火墙不能防止病毒侵入）。这些规则通常可以经由管理员定义或修改，不过某些防火墙设备可能只能套用内置的规则。

我们也能以另一种较宽松的角度来制定防火墙规则，只要封包不符合任何一项"否定规则"就予以放行。操作系统及网络设备大多已内置防火墙功能。

较新的防火墙能利用封包的多样属性来进行过滤，例如，来源 IP 地址、来源端口号、目的 IP 地址或端口号、服务类型（如 WWW 或是 FTP）也能经由通信协议、TTL 值、来源的网域名称或网段等属性来进行过滤。

（2）应用层防火墙

应用层防火墙是在 TCP/IP 堆栈的"应用层"上运作，使用浏览器时所产生的数据流或是使用 FTP 时的数据流都属于这一层。应用层防火墙可以拦截进出某应用程序的所有封包，并且封锁其他的封包（通常是直接将封包丢弃）。理论上，这一类的防火墙可以完全阻绝外部的数据流进到受保护的机器里。

此外，根据侧重不同，可分为包过滤型防火墙、应用层网关型防火墙以及服务器型防火墙。

（四）防火墙的缺陷

防火墙内部网络可以在很大程度上免受攻击。但是，所有的网络安全问题不是都可以通过简单地配置防火墙来解决的。虽然当单位将其网络互联时，防火墙是网络安全重要的一环，但并非安装防火墙的网络就没有任何危险，许多危险是在防火墙能力范围之外的。

1. 无法禁止变节者内部威胁

防火墙无法禁止变节者或公司内部存在的间谍将敏感数据拷贝到软盘或磁盘上，并将其带出公司。防火墙也不能防范这样的攻击：伪装成超级用户或诈称新员工，从而劝说没有防范心理的用户公开口令或授予其临时的网络访问权限。所以必须对员工们进行教育，让他们了解网络攻击的各种类型，并懂得保护自己的用户口令和周期性变换口令的必要性。

2. 无法防范防火墙以外的其他攻击

防火墙能够有效地防止通过它进行传输的信息，但不能防止不通过它而传输的信息。例如，在一个被保护的网络上有一个没有限制的拨出存在，内部网络上的用户就可以直接通过 SLIP 或 PPP 连接进入 Intemet。聪明的用户可能会对需要附加认证的代理服务器感到厌烦，因而向 ISP 购买直接的 SLIP 或 PPP 连接，从而试图绕过由精心构造的防火墙系统提供的安全系统。这就为从后门攻击创造了极大的可能。网络上的用户们必须了解这种类型的连接对于一个全面的安全保护系统来说是绝对不允许的。

3. 不能防止传送已感染病毒的软件或文件

这是因为病毒的类型太多，操作系统也有多种，编码与压缩二进制文件的方法也各不相同。所以不能期望 Internet 防火墙去对每一个文件进行扫描，查出潜在的病毒。对病毒特别关心的机构应在每个桌面部署防病毒软件，防止病毒从软盘或其他来源进入网络系统。

4. 无法防范数据驱动型的攻击

数据驱动型的攻击从表面上看是无害的数据被邮寄或拷贝到 Internet 主机上，但一旦执行就开始攻击。例如，一个数据驱动型攻击可能导致主机修改与安全相关的文件，使得入侵者很容易获得对系统的访问权。后面我们将会看到，在堡垒主机上部署代理服务器是禁止从外部直接产生网络连接的最佳方式，并能减少数据驱动型攻击的威胁。

5. 可以阻断攻击，但不能消灭攻击源

互联网上病毒、木马、恶意试探等造成的攻击行为络绎不绝。设置得当的防火墙能够阻挡它们，但是无法清除攻击源。即使防火墙进行了良好的设置，使得攻击无法穿透防火墙，但各种攻击仍然会源源不断地向防火墙发出尝试。例如接主干网 10M 网络带宽的某站点，其日常流量中平均有 512K 左右是攻击行为。那么，即使成功设置了防火墙后，这 512K 的攻击流量依然不会有丝毫减少。

6. 不能抵抗最新的未设置策略的攻击漏洞

就如杀毒软件与病毒一样，总是先出现病毒，杀毒软件经过分析出特征码后加入到病毒库内才能查杀。防火墙的各种策略，也是在该攻击方式经过专家分析后给出其特征进而设置的。如果世界上新发现某个主机漏洞的 cracker 把第一个攻击对象选中了某用户的网络，那么防火墙也没有办法帮到该用户。

7. 防火墙的并发连接数限制容易导致拥塞或者溢出

由于要判断、处理流经防火墙的每一个包，因此防火墙在某些流量大、并发请求多的情况下，很容易导致拥塞，成为整个网络的瓶颈影响性能。而当防火墙溢出的时候，整个防线就如同虚设，原本被禁止的连接也能从容通过了。

8. 防火墙对服务器合法开放的端口的攻击大多无法阻止

某些情况下，攻击者利用服务器提供的服务进行缺陷攻击。例如利用 ASP 程序进行脚本攻击等。由于其行为在防火墙一级看来是“合理”和“合法”的，因此就被简单地放行了。

9. 防火墙本身也会出现问题和受到攻击

防火墙也是一个 OS，也有其硬件系统和软件系统，因此依然有着漏洞和 Bug。所以其本身也可能受到攻击和出现软 / 硬件方面的故障。

二、防火墙的体系结构

（一）包过滤防火墙

包过滤或分组过滤，是一种通用、廉价、有效的安全手段。之所以通用，是因为它不针对各具体的网络服务采取特殊的处理方式；之所以廉价，是因为大多数路由器都提供分组过滤功能；之所以有效，是因为它能很大程度地满足企业的安全要求。

其工作步骤为：

第一，建立安全策略—写出所允许的和禁止的任务；

第二，将安全策略转化为数据包分组字段的逻辑表达式；

第三，用相应的句法重写逻辑表达式并设置。

包过滤在网络层和传输层起作用。它根据分组包的源、宿地址，端口号及协议类型、标志确定是否允许分组包通过。所根据的信息来源于IP、TCP或UDP包头。

包过滤的优点是不用改动客户机和主机上的应用程序，因为它工作在网络层和传输层，与应用层无关。但其弱点也是明显的：只能过滤判别网络层和传输层的有限信息，因而各种安全要求不可能充分满足；在许多过滤器中，过滤规则的数目是有限制的，且随着规则数目的增加，性能会受到很大影响；由于缺少上下文关联信息，不能有效地过滤如UDP、RPC一类的协议；大多数过滤器中缺少审计和报警机制，且管理方式和用户界面较差；对安全管理人员素质要求高，建立安全规则时，必须对协议本身及其在不同应用程序中的作用有较深入的理解。因此，过滤器通常是和应用网关配合使用，共同组成防火墙系统。

（二）双宿网关防火墙

双宿网关防火墙由两块网卡的主机构成。两块网卡分别与受保护网和外部网相连。主机上运行着防火墙软件，可以提供服务，转发应用程序等。

双宿主机防火墙一般用于超大型企业，由于双宿主机用两个网络适配器分别连接两个网络，所以又称为堡垒主机。堡垒主机上运行着防火墙软件（通常是代理服务器），可以转发应用程序，提供服务等。

双宿主机网关有一个致命弱点，一旦入侵者侵入堡垒主机并使该主机只具有路由器功能，则任何网上用户均可以随便访问有保护的内部网络。

（三）屏蔽主机防火墙

屏蔽主机防火墙体系结构中，分组过滤路由器或防火墙与Internet相连，同时一个堡垒机安装在内部网络，通过在分组过滤路由器或防火墙上过滤规则的设置，使堡垒机成为Internet上其他节点所能到达的唯一节点，这确保了内部网络不受未授权外部用户的攻击。

屏蔽主机防火墙配置易于实现，安全性好，应用广泛。屏蔽主机分为单宿堡垒主机和双宿堡垒主机两类。

单宿堡垒主机中，堡垒主机的唯一网卡与内部网络连接。一般在路由器上设立过滤规则，让此单宿堡垒主机成为从Internet唯一能访问的主机，保证内部网络不受非授权的外部用户攻击。而Intranet内部的客户机，能受控制地通过屏蔽主机和路由器访问Intemet。

双宿堡垒主机有两块网卡，分别连接内部网络和包过滤路由器。双宿堡垒主机在应用层提供代理服务，比单宿堡垒主机更安全。

（四）屏蔽子网防火墙

屏蔽子网防火墙体系结构：堡垒机放在一个子网内，两个分组过滤路由器放在这一子网的两端，使这一子网与 Internet 及内部网络分离。在屏蔽子网防火墙体系结构中，堡垒主机和分组过滤路由器共同构成了整个防火墙的安全基础。大型企业防火墙建议采用屏蔽子网防火墙，以得到更安全的保障。这种方法是在 Intranet 和 Internet 之间建立一个被隔离的子网，用两个包过滤路由器将这一子网分别与 Intranet 和 Internet 分开。两个路由器一个控制 Intranet 数据流，另一个控制 Intemet 数据流，Intranet 和 Internet 均可访问屏蔽子网，但禁止它们穿过屏蔽子网通信。可根据需要在屏蔽子网中安装堡垒主机，为内部网络和外部网络的互相访问提供代理服务，但是来自两网络的访问都必须通过两个包过滤路由器的检查。这种结构的防火墙安全性能高，具有很强的抗攻击能力，但需要的设备多，造价高。

三、防火墙技术

（一）数据包过滤

包过滤（Packet Filter）技术，是最早出现的防火墙技术。虽然防火墙技术发展到现在提出了很多新的理念，但是包过滤仍然是防火墙为系统提供安全保障的主要技术，它可以阻挡攻击，禁止外部 / 内部访问某些站点以及限制单个 IP 地址的流量和连接数。系统按照一定的信息过滤规则，对进出内部网络的信息进行限制，允许授权信息通过，而拒绝非授权信息通过。

数据包过滤用在内部主机和外部主机之间，过滤系统是一台路由器或是一台主机，根据过滤规则来决定是否让数据包通过。用于过滤数据包的路由器被称为过滤路由器。

数据包过滤策略主要包括：

第一，拒绝来自某主机或某网段的所有连接。

第二，允许来自某主机或某网段的所有连接。

第三，拒绝来自某主机或某网段的指定端口的连接。

第四，允许来自某主机或某网段的指定端口的连接。

第五，拒绝本地主机或本地网络与其他主机或其他网络的所有连接。

第六，允许本地主机或本地网络与其他主机或其他网络的所有连接。

第七，拒绝本地主机或本地网络与其他主机或其他网络的指定端口的连接。

第八，允许本地主机或本地网络与其他主机或其他网络的指定端口的连接。

数据包过滤基本过程为：

其一，包过滤规则必须被包过滤设备端口存储起来。

其二，当包到达端口时，对包报头进行语法分析。大多数包过滤设备只检查 IP、TCP 或 UDP 报头中的字段。

其三，包过滤规则以特殊的方式存储。应用于包的规则的顺序与包过滤器规则存储顺序必须相同。

其四，若一条规则阻止包传输或接收，则此包便不被允许。

其五，若一条规则允许包传输或接收，则此包便可以被继续处理。

其六，若包不满足任何一条规则，则此包便被阻塞。

包过滤技术发展到现在，它已经从早期的静态包过滤演进到了现在的动态包过滤技术。

1. 静态包过滤

静态包过滤技术的实现非常简单，就是在网关主机的 TCP/IP 协议栈的 IP 层增加一个过滤检查，对 IP 包的进栈、转发、出栈时均针对每个包的源地址、目的地址、端口、应用协议进行检查，用户可以设立安全策略，比如某某源地址禁止对外部的访问、禁止对外部的某些目标地址的访问、关闭一些危险的端口等。事实证明，一些简单而有效的安全策略可以极大地提高内部系统的安全，由于静态包过滤规则的简单、高效，直至目前，它仍然得到应用。

具体来说，静态包过滤是通过对数据包的 IP 头和 TCP 头或 UDP 头的检查来实现的，主要检查的信息有：

（1）IP 源地址

（2）IP 目标地址

（3）协议（TCP 包、UDP 包和 ICMP 包）

（4）TCP 或 UDP 包的源端口

（5）TCP 或 UDP 包的目标端口

（6）ICMP 消息类型

（7）TCP 包头中的 ACK 位

（8）数据包到达的端口

（9）数据包出去的端口

2. 动态包过滤

动态包过滤（Dynamic Packet Filter）技术除了含有静态包过滤的过滤检查技术之外，还会动态地检查每一个有效连接的状态，所以通常也称为状态包过滤技术。状态包过滤克服了第一代包过滤（静态包过滤）技术的不足，如信息分析只基于头信息、过滤规则的不足可能会导致安全漏洞、对于大型网络的管理能力不足等。

数据包过滤技术的优点如下：

第一，对于一个小型的、不太复杂的站点，包过滤比较容易实现。

第二，因为过滤路由器工作在 IP 层和 TCP 层，所以处理包的速度比代理服务器快。

第三，过滤路由器为用户提供了一种透明的服务，用户不需要改变客户端的任何应用程序，也不需要用户学习任何新的东西。因为过滤路由器工作在 IP 层和 TCP 层，而 IP 层和 TCP 层与应用层的问题毫不相关。所以，过滤路由器有时也被称为“包过滤网关”或“透明网关”，之所以被称为网关，是因为包过滤路由器和传统路由器不同，它涉及传输层。

第四，过滤路由器在价格上一般比代理服务器便宜。

数据包过滤过滤技术的缺点如下：

其一，一些包过滤网关不支持有效的用户认证。

其二，规则表很快会变得很大而且复杂，规则很难测试。随着表的增大和复杂性的增加，规则结构出现漏洞的可能性也会增加。

其三，这种防火墙最大的缺陷是它依赖一个单一的部件来保护系统。如果这个部件出现了问题，会使得网络大门敞开，而用户甚至可能还不知道。

其四，在一般情况下，如果外部用户被允许访问内部主机，则它就可以访问内部网上的任何主机。

其五，包过滤防火墙只能阻止一种类型的 IP 欺骗，即外部主机伪装内部主机的 IP，对于外部主机伪装外部主机的 IP 欺骗却不可能阻止，而且它不能防止 DNS 欺骗。

其六，由于此种类型的防火墙工作在较低层次，防火墙本身所能接触的信息较少，所以它无法提供描述细致事件的日志系统。

其七，所有可能用到的端口（尤其是大于 1024 的端口）都必须开放，对外界暴露，从而极大地增加了被攻击的可能性。

其八，如果网络结构比较复杂，那么对管理员而言配置访问控制规则将非常困难，当网络发展到一定规模时，在路由器上配置访问控制规则将会非常繁琐，在一个规则甚至一个地址处出现错误都有可能导致整个访问控制列表无法正常使用。

包过滤防火墙虽然有如上所述的缺点，但是在管理良好的小规模网络上，它能够正常地发挥其作用：一般情况，网络管理员并不单独使用包过滤网关，而是将该技术结合其他技术联合使用。

（二）应用层代理

应用层代理（Proxy）技术针对每一个特定应用，在应用层实现网络数据流保护功能，代理的主要特点是具有状态性。代理能够提供部分与传输有关的状态，能完全提供与应用相关的状态部分传输信息，代理也能够处理和管理信息。应用层代理使得网络管理员能够实现比包过滤更严格的安全策略。应用层代理不用依靠包过滤工具来管理 Internet 服务在防火墙系统中的进出，而是采用为每种服务定制特殊代码（代理服务）的方式来管理 Internet 服务。显然，应用层代理可以实现网络管理员对网络服务更细腻的控制。但是，应用代理的代码并不通用，如果网络管理员没有为某种应用层服务在应用层代理服务器上安装特定的代码，那么该项服务就无法被代理型防火墙转发。同时，管理员可以根据实际需要选择安装网络管理认为需要的应用代理服务功能。

应用层代理技术提供应用层的高安全性，但其缺点是性能差、伸缩性差，只支持有限的应用。总体说来，应用层代理技术的主要特点包括：

（1）所有的内外网之间的连接都通过防火墙，防火墙作为网关

（2）在应用层上实现

（3）可以监视数据包的应用层内容

（4）可以实现基于用户的认证，防止 IP 欺骗

（5）所有的应用需要单独实现

（6）可以提供理想的日志功能

（7）非常安全，但是开销比较大

应用代理防火墙实际上并不允许在它连接的网络之间直接通信。相反，它是接受来自内部/外部网络特定用户应用程序的通信、然后建立与外部/内部网络主机单独的连接。应用代理防火墙工作过程中，网络内部/外部的用户不直接与外部/内部的服务器通信，所以内部/外部主机不能直接访问外部/内部网络的任何一部分。

（三）电路级网关

另一种类型的代理技术称为电路级网关（Circuit Gateway），也叫电路层网关，它工作在 OSI 参考模型的会话层，在内、外网络主机之间建立一个虚拟电路进行通信，相当于在防火墙上打开一个通道进行传输。在电路级网关中，包被提交到用户应用层处理。电路级网关用来在两个通信的终点之间转换包，电路级网关是建立应用层网关的一个更加灵活和一般的方法。电路级网关在两主机首次建立 TCP 连接时创立一个电子屏障：它作为服务器接收外来请求，转发请求；与被保护的主机连接时则担当客户机角色，起代理服务的作用。它监视两主机建立连接时的握手信息，如 SYN（同步信号）、ACK（应答信号）和序列数据等是否合乎逻辑，判定该会话请求是否合法。一旦会话连接有效后网关仅复制、传递数据，而不进行过滤。

电路级网关拓扑结构同应用层网关，电路级网关接收客户端连接请求，代理客户端完成网络连接，在客户和服务器间中转数据。电路级网关一般需要安装特殊的客户机软件，用户同时可能需要一个可变用户接口来相互作用或改变他们的工作习惯。

电路级网关可针对每个 TCP、UDP 会话进行识别和过滤。在会话的建立过程中，除了检查传统的过滤规则之外，还要求发起会话的客户端向防火墙发送用户名和口令，只有通过验证的用户才被允许建立会话。会话一旦建立，则报文流可不加检验直接穿透防火墙。电路级网关通过对客户端的用户名和口令进行验证，有效地避免了网络传送过程中源地址被冒充等问题，可有效地防御 IP/UDP/TCP 欺骗，并可快速定位 TCP/UDP 的攻击发起者。

电路级网关在初次连接时，客户端程序与网关进行安全协商和控制，协商通过之后，网关的存在对应用来说就透明了，客户端与服务器之间的交互就像没有网关一样。只有懂得如何与电路级网关通信的客户端程序才能到达防火墙另一端的服务器。所以，对普通的客户端程序来说，必须通过适当改造，或者借助他响应的处理，才能通过电路级网关访问服务器。

早期的电路级网关只处理 TCP 连接，并不进行任何附加的包处理或过滤。电路级网关就像

电线一样，只是在内部连接和外部连接之间来回拷贝。但对于外部网络用户而言，连接似乎源于网关，网关屏蔽了受保护网络的有关信息，因而起到了防火墙的作用。

电路级网关的工作原理如下：其组成结构与应用级防火墙相似，但它并不针对专门的应用协议，而是一种通用的连接中继服务，是建立在运输层的一种代理方法。连接的发起方不直接与响应方建立连接，而是与回路层代理建立两个连接：一个是在回路层代理和内部主机上的一个用户之间，另一个是在回路层代理和外部主机上的一个用户之间。

通常，实现这种防火墙功能都是在通用的运输层之上插入代理模块，所有的出入连接必须连接代理，通过安全检查之后数据才能被转发。网关的访问控制规则决定是否允许连接。回路层代理可以提供较详尽的访问控制机制，其中包括鉴别和其他客户与代理之间的会话信息交换。回路层代理与应用网关不同的是，对于所网络服务都通过共同的回路层代理，所以这种代理也称为“公共代理”。

电路级网关防火墙的特点包括：

（1）对连接的存在时间进行监测，从而防止过大的邮件和文件传送

（2）建立允许的发起方列表，并提供鉴别机制

（3）对传输的数据提供加密保护

总的来说，电路级网关的防火墙的安全性比较高，但它仍不能检查应用层的数据包以消除应用层攻击的威胁。考虑到电路级网关的优点是堡垒主机可以被设置成混合网关，对于进入的连接使用应用级网关或代理服务器，而对于出去的连接使用电路级网关。这样使得防火墙既能方便内部用户，又能保证内部网络免于外部的攻击。

（四）地址翻译技术

NAT（Net Address Translation，网络地址翻译）的最初设计目的是用来增加私有组织的可用地址空间和解决将现有的私有 TCP/IP 网络连接到互联网上的端口地址编号问题，内部主机地址在 TCP/IP 开始开发的时候，没有人会想象到它发展得如此之快。当前使用的 IPv4 地址空间为 32 位大小，因而地址资源已经十分紧张了。而下一代的 IPv6 虽然得到大家的认可，但基于 IPv4 的地址资源也将长期并存。动态分配外部 IP 地址的方法只能有限地解决 IP 地址紧张的问题，而让多个内部地址共享一个外部 IP 地址的方式能更有效地解决 IP 地址紧张的问题，让多个内部 IP 地址共享一个外部 IP 地址，就必须转换端口地址，这样内部 IP 地址不同但具有同样端口地址的数据包就能转换为同一个 IP 地址而端口地址不同，这种方法又被称为端口地址转换（Port Address Translation，PAT），或者称为 IP 伪装（IP masquerading）。NAT 能处理每个 IP 数据包，将其中的地址部分进行转换，将对内部和外部 IP 进行直接映射，从一批可使用的 IP 地址池中动态选择一个地址分配给内部地址，或者不但转换 IP 地址，也转换端口地址，从而使得多个内部地址能共享一个外部 1P 地址。

私有 IP 地址只能作为内部网络号，不在互联网主干网上使用。网络地址翻译技术通过地址

映射保证了使用私有 IP 地址的内部主机或网络能够连接到公用网络。NAT 网关被安放在网络末端区域（内部网络和外部网络之间的边界点上），并且在源自内部网络的数据包发送到外部网络之前把数据包的源地址转换为唯一的 IP 地址。

网络地址翻译同时也是一个重要的防火墙技术，因为它对外隐藏了内部的网络结构，外部攻击者无法确定内部计算机的连接状态。并且不同的时候，内部计算机向外连接使用的地址都是不同的，给外部攻击造成了困难。同样 NAT 也能通过定义各种映射规则，屏蔽外部的连接请求，并可以将连接请求映射到不同的计算机中。

网络地址翻译和 IP 数据包过滤一起使用，就构成一种更复杂的包过滤型的防火墙。由于仅仅具备包过滤能力的路由器，其防火墙能力还比较弱，抵抗外部入侵的能力也较差，而和网络地址翻译技术相结合，就能起到更好的安全保证。正是内部主机地址隐藏的特性，使网络地址翻译技术成为了防火墙实现中经常采用的核心技术之一。

（五）状态监测技术

无论是包过滤，还是代理服务，都是根据管理员预定义好的规则提供服务或者限制某些访问。然而在提供网络访问能力和保证网络安全方面，显然存在矛盾，只要允许访问某些网络服务，就有可能造成某种系统漏洞；如果限制太严厉，合法的网络访问就受到不必要的限制。代理型的防火墙的限制就在这个方面，必须为一种网络服务分别提供一个代理程序，当网络上的新型服务出现的时候，就不可能立即提供这个服务的代理程序。事实上代理服务器一般只能代理最常用的几种网络服务，可提供的网络访问十分有限。

为了在开放网络服务的同时也提供安全保证，必须有一种方法能监测网络情况，当出现网络攻击时就立即告警或切断相关连接。主动监测技术就是基于这种思路发展起来的，它工作在数据链路层和网络层之间，维护一个记录各种攻击模式的数据库，并使用一个监测程序时刻运行在网络中进行监控，一旦发现网络中存在与数据库中的某个模式相匹配时，就能推断可能出现网络攻击。由于主动监测程序要监控整个网络的数据，因此需要运行在路由器上，或路由器旁能获得所有网络流量的位置。由于监测程序会消耗大量内存，并会影响路由器的性能，因此最好不在路由器上运行。

主动检测方式作为网络安全的一种新兴技术，其优点是效率高、可伸缩性和可扩展性强、应用范围广。但由于需要维护各种网络攻击的数据库，因此需要一个专业性的公司维护。理论上这种技术能在不妨碍正常网络使用的基础上保护网络安全，然而这依赖于网络攻击的数据库和监测程序对网络数据的智能分析，而且在网络流量较大时，使用状态监测技术的监测程序可能会遗漏数据包信息。因此，这种技术主要用于要求较高、对网络安全要求非常高的网络系统中，常用的网络并不需要使用这种方式。

第三节　病毒防治

一、病毒概述

与医学上的“病毒”不同，“计算机病毒”是指人为编制的具有特殊功能的程序，它通过不同的途径潜伏或寄生在存储媒体（如磁盘、内存）或程序里，当某种条件或时机成熟时，它会自我复制并传播，使计算机资源受到不同程度地破坏。由于它与生物医学上的“病毒”同样有传染和破坏的特性，因此这一名词是由生物医学上的“病毒”概念引申而来。

狭义的计算机病毒是指能够通过某种途径潜伏在计算机存储介质（或程序）里，当达到某种条件时即被激活的具有对计算机资源进行破坏作用的一组程序或指令集合。

从广义上定义，凡能够引起计算机故障，破坏计算机数据的程序统称为计算机病毒。依据此定义，诸如逻辑炸弹、蠕虫等均可称为计算机病毒。

“计算机病毒”是指编制或者在计算机程序中插入的破坏计算机功能或者毁坏数据，影响计算机使用，并能自我复制的一组计算机指令或者程序代码。

计算机病毒可以很快地蔓延，又常常难以根除。它们能把自身附着在各种类型的文件上。当文件被复制或从一个用户传送到另一个用户时，它们就随同文件一起蔓延开来。除复制能力外，某些计算机病毒还有其他一些共同特性：一个被污染的程序能够传送病毒载体。当你看到病毒载体似乎仅仅表现在文字和图像上时，它们可能已毁坏了文件、格式化了你的硬盘驱动或引发了其他类型的灾害。若是病毒并不寄生于一个污染程序，它仍然能通过占据存储空间给你带来麻烦，并降低你的计算机的全部性能。

在病毒发展过程中，一些著名的病毒不但造成了巨大的影响，也带来了病毒的不断发展，成为计算机发展史上不可磨灭的历史，了解这些著名的病毒，对研究病毒、预防病毒和清除病毒，具有积极的意义。

（一）病毒的特征与分类

计算机病毒的制造者可能出于恶作剧的心态，可能只是简单地炫耀自己的编程技能，也可能是基于某种形式的报复，或者基于一定的军事、政治、商业目的。不管其制作者基于何种目的，计算机病毒都有它自己的特征，这些特征可以作为检测病毒的重要依据，再以此进行病毒的诊断和消除。

1. 计算机病毒的特征

（1）感染性

计算机病毒具有再生机制，即设计者一般通过某种方式让其具有自我复制的能力，让病毒自动地将自身的复制品或其变种感染到其他程序体上。这是计算机病毒最根本的属性，是检测、判断计算机病毒的重要依据。

感染性是计算机病毒最重要的特征，病毒程序正是依靠感染性将病毒广泛传播，从早期的软盘感染到现在的网络传播，计算机病毒的复制能力和速度变得突飞猛进。病毒程序一旦侵入计算机系统就开始搜索可以传染的程序或者磁介质，然后通过自我复制迅速传播，由于目前计算机网络日益发达，计算机病毒可以在极短的时间内，通过像 Internet 这样的网络进行传播和扩散，完成诸如强行修改计算机程序和数据等任务。

（2）欺骗性

计算机病毒正是通过欺骗性瞒过了用户从而实现其功能，用户通常调用执行一个程序时，把系统控制交给这个程序，并分配给它相应系统资源（如内存），从而运行完成用户的需求。因此，程序执行的过程对用户是透明的。而计算机病毒是非法程序，正常用户是不会明知是病毒程序，而故意调用执行。但由于计算机病毒具有正常程序的一切特性，如可存储性、可执行性等。它隐藏在合法的程序或数据中，当用户运行正常程序时，病毒伺机窃取到系统的控制权，得以抢先运行，然而此时用户还认为在执行正常程序，在毫无察觉的情况下，病毒开始执行，等到用户反应过来的时候，病毒已经实现了其功能，造成了危害。

病毒程序往往采用集中欺骗技术（如脱皮技术、改头换面、自杀技术和密码技术等）来逃脱检测，使其有更长的时间去实现传染和破坏的目的。

①脱皮技术

病毒自动监视用户操作，每当用户要查看宿主程序时，它便“以桃代李”，让被移走的原宿主程序代码显示在屏幕上，使用户看到完全正确的宿主程序，以蒙骗用户，隐藏自己。

②改头换面

病毒在自动监视用户的操作中，一旦发现用户用 DIR 命令查看文件目录，以便判断哪些文件被感染，在显示这些文件目录时，自动从文件长度中减去病毒代码长度，使屏幕上显示的被感染的文件的日期、时间、长度等参数保持感染以前的状态。用户从屏幕上显示的文件目录中看不到文件被感染的痕迹。

③自杀技术

有的病毒设置有一个特殊的计数器，专门记录病毒曾经感染过的程序的次数。当计数器达到预定值时，病毒便从带病毒的宿主程序中删去代码，实现“自杀”，销声匿迹，以掩护自己。

④密码技术

有的病毒采用密码技术，将病毒签名等可能被检测的敏感信息变成密码。这样，当用户对病毒进行检测时就看不到这些敏感信息，从而使病毒逃过检测，得以长期潜伏。

正是因为计算机病毒的欺骗性，掌握一些基本的识别技巧对防范计算机病毒是有利的，识别计算机是否中毒的方法主要有技术识别和综合判断两种：

第一，技术识别。技术识别主要通过查看正在运行的进程来判断，一般出现陌生的进程时，中毒的可能性较高。进程识别需要对计算机常用进程十分了解，一般非计算机专业用户很难做到。

另一种技术识别的方法是直接判断文件，一般病毒感染文件时，总是将病毒插在宿主程序头部、尾部或其中间。虽然它对宿主程序代码做某些改动，从整体上看，它与宿主程序之间有明确的界限，但由于病毒程序代码短，文件字节数增加并不大，而且计算机操作人员很少去记录每个文件字节数大小，因此很难发现。同时有的病毒将自身存储在磁盘上标为坏簇的扇区中，以及一些空闲概率较大的扇区中，识别更加困难，一般该方法仅适用于杀毒软件判断是否出现病毒，个人判断很难。

第二，综合判断。综合判断主要是结合一些现象判断计算机是否感染病毒，比如磁盘可用空间大量减少，坏簇增加。由于病毒程序把自身或操作系统的一部分用坏簇隐蔽起来，使磁盘坏簇莫名其妙地增多。同时由于病毒本身或其复制品不断侵占系统，使可用的磁盘空间减少。磁盘重要区域（如引导扇区（BOOT）、文件分配表（FAT）、根目录区）被破坏，从而使系统盘不能使用或使数据文件和程序文件丢失。

程序正常运行时经常出现内存不足的现象，文件建立日期和时间被修改，系统运行时无故出现系统崩溃、死机、突然重新启动以及文件无法正常存盘等现象、这往往也是病毒发作所致。屏幕上出现特殊的异常显示，机器出现蜂鸣声，打印机速度减慢或是打印机失控等情况发生时、在排除系统运行故障、操作失当等原因后，一般都可判断为病毒引起。

（3）危害性

病毒程序的表现性或危害性体现了病毒设计者的真正意图。无论何种病毒程序一旦侵入系统都会对操作系统的运行造成不同程度的危害，这也是病毒制造者的目的。即使不直接产生破坏作用的病毒程序也要占用系统资源（如占用内存空间，占用磁盘存储空间以及系统运行时间等）。而绝大多数病毒程序要显示一些文字或图像，影响系统的正常运行，还有一些病毒程序删除文件，加密磁盘中的数据，甚至摧毁整个系统和数据，使之无法恢复，造成无可挽回的损失。因此，病毒程序的危害轻则降低系统工作效率，重则导致系统崩溃、数据丢失甚至网络瘫痪。

（4）潜伏性

病毒具有依附其他媒体的能力，入侵计算机系统的病毒一般有一个“冬眠”期，当它入侵系统之后，一般并不立即发作，而是潜伏起来“静观待机”。在此期间，它不做任何骚扰动作，也不做任何破坏活动，而要经过一段时间或满足一定的条件后才发作，突发式进行感染，复制病毒副本，进行破坏活动。病毒的潜伏性越好，它在系统中存在的时间也就越长，病毒传染的范围也越广，其危害性也越大。而在病毒潜伏期间，即使是专业的杀毒软件，也并不保证能识别出病毒，因为计算机病毒的设计者将之设计为一种具有很高编程技巧、短小精悍的可执行程序，病毒想方设法隐藏自身，就是为了在病毒发作之前不被发现。更有的病毒感染宿主程序后，在宿主程序中自动寻找“空洞”，而将病毒拷贝到“空洞”中，并保持宿主程序长度不变，使其难以发现，以争取较长的存活时间，从而造成大面积的感染。

（5）可激发性

病毒在一定的条件下接受外界刺激，使病毒程序活跃起来，实施感染，进行攻击。计算机病毒被触发一般都有一个或者几个触发条件。满足其触发条件或者激活病毒的传染机制，使之进行传染；或者激活病毒的表现部分或破坏部分。触发的实质是一种条件的控制，病毒程序可以依据设计者的要求，在一定条件下实施攻击。这个条件可以是敲入特定字符，使用特定文件、某个特定日期或特定时刻，或者是病毒内置的计数器达到一定次数。

（6）不可预见性

不同种类的病毒，其代码千差万别，但有些操作是共有的。因此，有的人利用了病毒的共性，制作了检测病毒的软件。但是由于病毒的更新极快，这些软件也只能在一定程度上保护系统不被已经发现的病毒感染，新的病毒以何种形式传播并危害计算机是无法预见的，从这个意义上来说，病毒对反病毒软件永远是超前的。这种超前性并不代表反病毒人员应当被动地接受应对病毒，反而更加激励反病毒人员不能掉以轻心。

计算机网络将被越来越多的应用于生活的各个角落，病毒将无所不能，延续其巨大的危害性，相应的计算机网络安全问题将在日常生活中占据举足轻重的地位。反病毒技术研究是一件颇具挑战难度的事情，但同时又是一项意义重大的研究，它将致力于消除计算机病毒，维护网络安全。

2. 计算机病毒的分类

计算机病毒的分类方法很多，按工作机理，可以把计算机病毒分为引导型病毒、操作系统型病毒和文件型病毒等几种。

（1）引导型病毒

引导型病毒又称为初始化病毒，它占据主引导扇区或引导扇区的全部或一部分，将分区表信息或引导记录移到磁盘的其他位置，并在文件分配表（FAT）中将这些位置标明为坏簇。病毒在计算机引导时首先获取系统控制权，将病毒的主要部分调入内存并驻留在内存高端，修改常规内存容量大小字单元（0：413H），将常规内存容量虚假减少，防止以后系统内存调度时覆盖占用内存高端的病毒体。同时修改某些常用中断的中断向量，使之指向内存高端的病毒程序。最后一条跳转指令转向主引导记录或引导记录的位置，将控制权交回系统以完成正常的系统启动工作。以后只要调用这些中断，就会先执行常驻内存高端的病毒体，病毒搜索并感染其他可能有的磁盘，或执行病毒体的表现部分，破坏计算机系统的正常工作。若不满足激发条件，病毒也可以继续潜伏，将系统控制权交回系统。

引导型病毒是在操作系统引导前就已驻留内存高端。由于主引导记录和引导记录在系统启动结束后不再执行，因此引导型病毒必须修改中断向量，指向自己，才有被激活以完成感染、潜伏、破坏等功能的机会。大多数引导型病毒会修改 INT13H 中断。当用户读写磁盘，如执行 DIR、EDIT、Windows 中列文件目录等命令时，就会执行 INT 13H，激活病毒体。

（2）操作系统型病毒

操作系统型病毒是指病毒程序将自身加入或替代操作系统工作的病毒。这类病毒程序主要的破坏形式是代替或插入正常操作系统引导部分或文件分配表中，破坏计算机磁盘系统的引导区记录和文件分配表参数。

（3）文件型病毒

文件型病毒可根据病毒程序驻留的方式分为源码病毒、入侵病毒、外壳病毒几类。源码病毒专门攻击用高级语言编写的程序源代码，在程序编译之前插入到源程序中。入侵病毒是将其自身侵入到现有程序之中,实际上是把计算机病毒的主体程序与其攻击的对象以插入的方式进行连接，要解除这类病毒，恢复受感染数据文件比较困难，往往只能把受感染文件删除。

按传播媒介来分类，计算机病毒又可分为单机病毒和网络病毒。

（1）单机病毒

单机病毒的载体是磁盘或光盘。常见的是通过从软盘传入硬盘，感染系统后，再传染其他软盘，软盘又感染其他系统。

（2）网络病毒

网络为病毒提供了最好的传播途径，它的破坏力是前所未有的。网络病毒利用计算机网络的协议或命令以及 Email 等进行传播，常见的是通过 QQ、BBS、Email、FTP、Web 等传播。

此外，按照计算机病毒的链接方式分类，计算机病毒分为源码型病毒、嵌入型病毒、包围在主程序四周的外壳型病毒等；按照计算机病毒攻击的对象或系统平台分类，可以分为攻击 DOS 系统的病毒，攻击 WINDOWS 系统的病毒，攻击 UNIX 系统的病毒，攻击 OS/2 系统的病毒和其他操作系统（如手机上）的病毒。随着物联网的发展，相应的传感器节点也将染上新的病毒。

（二）计算机病毒与犯罪

计算机犯罪是随着计算机技术的发展与普及发展起来的一种新型犯罪，我国新《刑法》第 285 条、286 条、287 条对计算机犯罪行为进行了规定，虽然刑法对计算机犯罪的规定只有三条，但是计算机犯罪在事实认定上相当复杂。关于计算机病毒犯罪，目前条文规定的是：故意制作、传播计算机病毒等破坏性程序，影响计算机系统正常运行，后果严重的行为构成犯罪。

从首例计算机犯罪被发现至今，涉及计算机的犯罪无论从犯罪类型还是发案率来看都在逐年大幅度上升，方法和类型成倍增加，逐渐开始由以计算机为犯罪工具的犯罪向以计算机信息系统为犯罪对象的犯罪发展，并呈愈演愈烈之势，而后者无论是在犯罪的社会危害性还是犯罪后果的严重性等方面都远远大于前者。正如国外有的犯罪学家所言，“未来信息化社会犯罪的形式将主要是计算机犯罪”。同时，计算机犯罪“也将是未来国际恐怖活动的一种主要手段”。

二、木马技术

（一）木马的由来

“特洛伊木马”源于古希腊神话：当时由于特洛伊军队非常骁勇善战，希腊人一直无法打败他们。经过很长且激烈的战斗之后，希腊军队就假装撤退，并留下一只大木马。于是特洛伊人就打开城门让木马进入，到了夜晚当特洛伊人正热烈庆祝时，躲在木马中的希腊战士趁着大家不注意时打开城门，大批的希腊军队便蜂拥而入，将特洛伊城烧成平地。在计算机安全中，特洛伊木马用来指那些隐藏在某段正常程序中，在适当的时刻控制另一台计算机的程序，简称为木马（Trojan）。与病毒不同的是，木马的目的是为了进入并控制更多的计算机，它与病毒的发展是平行的。

木马通常有两个可执行程序：一个是客户端，即控制端；另一个是服务端，即被控制端。木马的设计者为了防止木马被发现，采用了多种隐藏手段。木马服务一旦运行并与被控制端连接，则控制端将享有被控制端的大部分操作权限，例如给计算机增加口令，浏览、移动、复制、删除文件，修改注册表以及更改计算机配置等。

某些病毒具有木马的这些特性，并隐藏在一段有用的程序中，那么这段程序既可称作“特洛伊木马”，又可以称为病毒。带有这种特洛伊木马/病毒的文件已被有效地“特洛伊”了，“特洛伊”在这里用作动词，如“他将特洛伊那个文件”。木马的潜藏性和控制性正是病毒潜伏所需要的，在互联网高度发达的今天，木马和病毒的区别正在逐渐变淡消失，正是由于两者互相借鉴，造成了越来越大的危害，但两者的工作原理和机制又完全不同，在学习时应当区分开来。

木马程序可以做任何事情，它能够以任意形式出现。它既可以是旨在索引软件文件目录或解锁软件注册代码的应用程序，也可以是一个字处理器或网络应用程序。它使得宿主程序表面上是执行正常的动作，但实际上隐含着一些破坏性的指令。当不小心让这种程序进入系统后，便有可能给系统带来危害。

这些危害可能是一个小小的恶作剧，也可能带来极大的破坏性。实际上，随着计算机网络的发展，依靠网络传播的木马程序糅合了病毒的编写方式，它不仅能够自我复制，而且还能够通过病毒的手段防止专门软件的查杀。因此研究木马的运行机制，将有助于识别和清除木马，以降低其带来的危害。

一个完整的木马系统由硬件部分、软件部分和具体连接部分组成。

（1）硬件部分

即建立木马连接所必需的硬件实体，包括对服务端进行远程控制的控制端，被远程控制的服务端和数据传输的网络载体（比如互联网）。

（2）软件部分

即实现远程控制所必需的软件程序，包括控制端程序、潜入服务端内部的木马程序、设置木马程序的端口号、触发条件、木马名称的木马配置程序等。

（3）具体连接部分

通过 Internet 在服务端和控制端之间建立一条木马通道所必需的元素，包括控制端 IP、服务端 IP，即木马进行数据传输的出发地和目的地；控制端端口、木马端口，即控制端、服务端的数据入口，通过这个入口，数据可直达控制端程序或木马程序。

（二）木马的运行

木马的运行是指木马在被种植机器上进行的活动，这些活动包括隐藏、自启动、网络连接、安插系统后门和盗取用户资料等。明白了这些内在的知识才能对木马有个完整的认识。对木马而言，隐藏自己是一个必须要解决的问题，下面先介绍木马的常用隐藏手段。

1. 木马常用隐藏手段

木马程序的服务端为了避免被发现，多数都要进行隐藏处理。想要隐藏木马的服务器，可以伪隐藏，也可以真隐藏。伪隐藏就是指程序的进程仍然存在，只不过让它消失在进程列表里；真隐藏则是让程序彻底消失，不以一个进程或者服务的方式工作。

（1）伪隐藏技术

伪隐藏的方法是比较容易实现的。对于 Windows 系统，其方法就是通过 API 的拦截技术，通过建立一个后台的系统钩子，拦截 PSAPI 的 EmimProcessModules 等函数，以此实现对进程和服务的遍历调用的控制，当检测到进程 ID（PID）为木马程序的服务端进程时直接跳过，这样就实现了进程的隐藏。金山词霸等软件就是使用了类似的方法，拦截了 TextOutA 和 TextOutW 函数，截获了屏幕输出，实现即时翻译。同样，这种方法也可以用在进程隐藏上。

（2）真隐藏技术

当进程为真隐藏时，则此木马的服务端程序运行后，就不应该具备一般进程，也不应该具备服务，即完全地进入了系统的内核。为了达到这个目的，设计者在设计木马程序时不把服务端程序作为一个应用程序，而将其作为一个其他应用程序的线程，把自身注入其他应用程序的地址空间。这个应用程序对于系统来说，是一个绝对安全的程序，这样就达到了彻底隐藏的效果，也导致查杀黑客程序的难度增加。

2. 木马的自启动技术

为了达到长期控制主机的目的，当主机重启之后必须让木马程序再次运行，这样就需要其具有一定的自启动能力。让程序自启动的方法比较多，常见的有加载程序到启动组、写程序启动路径到注册表等。

（1）加载程序到启动组

如果木马隐藏在启动组，虽然不是十分隐蔽，但那里确实是自动加载运行的好场所，因此还是有木马喜欢在此驻留的。常见的启动组包括："开始"菜单中的启动项，对应的文件夹是"C:\Documcnts and Settings/用户名/[开始]菜单/程序/启动"。

因此当发现注册表或启动菜单中出现异常程序时，有可能木马已经驻留在电脑中，需要及时清除。

（2）修改文件关联

修改文件关联是木马常用的手段，比如正常情况下 TXT 文件的打开方式为记事本程序，但一旦感染了木马、则TXT文件就会被修改为用木马程序打开，木马“冰河”就是如此。

（3）注册成为服务项

将服务端程序注册为一个自启动的服务也是很多后门应用的手段，其在注册表中的键值是[HKEY_LOCAL_MACHINE\SYSTEM\CurrentControlSet\Services\]，可以在这个键值下进行查找。

以上是几种常用的木马自启动技术，平台不同，自启动技术就有相应的区别，但木马程序需要自启动的本质是不变的，了解其本质，不管其使用平台和表现形式如何，只要对症下药，就能有效防止木马入侵。

3. 木马连接的隐藏技术

木马启动后需要通过数据连接建立从控制方到被控制方的连接通道。木马连接当然不能如正常的网络连接一样直接传输，而是需要通过木马连接隐藏技术。

木马程序最常见的是使用TCP和UDP传输数据，这种方法通常是利用Winsock与目标主机的指定端口建立连接，使用send和recv等API进行数据传递。

这种方法的好处是简单，易于使用，但缺点是隐蔽性比较差，往往容易被一些工具软件发现。但是，黑客仍然可以使用以下两种方法躲避侦查：

（1）合并端口法

使用特殊的手段，在一个端口上同时绑定两个TCP或者UDP连接（如80端口的HTTP），以达到隐藏端口的目的。

（2）修改ICMP方法

根据ICMP（Internet Control Message Protocol）协议进行数据的发送，其原理是修改ICMP头的构造，加入木马的控制字段。这样的木马具备很多新特点，如不占用端口、使用户难以发觉等。同时，使用ICMP可以穿透一些防火墙，从而增加了防范的难度。

之所以具有这种特点，是因为ICMP不同于TCP和UDP，ICMP工作于网络的应用层，不使用TCP协议。

（三）木马的危害

最初网络还处于以UNIX平台为主的时期时，木马就产生了，当时的木马程序的功能相对简单，往往是将一段程序嵌入到系统文件中，用跳转指令来执行一些木马的功能。在这个时期木马的设计者和使用者大都是些技术人员，必须具备相当的网络和编程知识。而后随着WINDOWS平台的日益普及，一些基于图形操作的木马程序出现了，用户界面的改善，使使用者不用懂太多的专业知识就可以熟练的操作木马，相应地木马入侵事件也就频繁出现，而且由于这个时期木马的功能已日趋完善，对服务端的破坏也更大了。不同的木马会给计算机带来不同角度的危害，总体来说，木马对网络安全的危害主要包括以下几个方面。

1. 远程控制

远程控制木马是数量最多，危害最大，同时知名度也最高的一种木马，它可以让攻击者完全控制被感染的计算机，甚至完成一些连计算机主人都无法顺利进行的操作，其危害之大实在不容小觑。远程监视是远程控制的一种，一旦被监视后，则对方电脑的一举一动都在黑客的监视之下。

远程视频监测功能能够监测对方的视频情况，当对方有摄像头时，可以自动启动摄像头捕捉图像，相当于监视对方的环境。只要对方电脑处于开启状态就毫无秘密可言。

更多的远程操作包含了更多的功能，比如远程文件管理、远程 Telnet、远程注册表管理等，这些都是为了方便黑客控制主机而设置的。

此外，远程控制还包括远程向被控服务端发送消息等。远程控制使得木马能够在被控端为所欲为，对个人隐私造成极大的危害，但影响更大的窃取信息类木马，能够带来更大的危害。

2. 窃取信息

窃取信息木马专门盗取被感染计算机上的主机或密码信息。

而密码信息获取更为常见，木马一旦被执行，就会自动搜索内存、Cache、临时文件夹及各种敏感密码文件，一旦搜索到有用的密码，木马就会利用免费的电子邮件服务将密码发送到指定的邮箱，从而达到窃取密码的目的，这类木马大多使用端口 25 发送 E-mail。

另一种获取密码的方式为从键盘记录获取，这种木马只记录“受害者”的键盘敲击情况，并且在 LOG 文件里查找密码。键盘记录分为在线记录和离线记录两种形式，顾名思义，它们分别记录在线和离线状态下敲击键盘时的情况，以从中找到密码。

3. 破坏类

这种木马唯一的功能就是破坏被感染计算机的文件系统，使其遭受系统崩溃或重要数据丢失的巨大损失。从这一点上来说，它和病毒很相像。不过，一般来说，这种木马的激活是由攻击者控制的，并且传播能力也比病毒逊色很多。比如“灰鸽子”就有修改系统注册表的功能，单击客户端上的“注册表编辑器”标签，展开远程主机，当看到远程主机的注册表时，就可以在上面进行修改、添加、删除等一系列操作了。

4. 代理木马

黑客在入侵的同时掩盖自己的足迹，防止别人发现自己的身份是非常重要的，因此给被控制的“肉鸡”种上代理木马，让其变成攻击者发动攻击的“跳板”就是代理木马最重要的任务。通过代理木马，攻击者可以在匿名的情况下使用 Telnet、QQ 等程序，从而隐蔽自己的踪迹。

木马发展到今天，已经无所不用其极，一旦被木马控制，被控电脑将毫无秘密可言，掌握合理的木马查杀技巧，对保护个人隐私和网络安全具有至关重要的作用。

三、网络病毒

（一）网络病毒的原理及分类

互联网已成为人与人之间沟通的重要方式和桥梁。计算机的功能也从最开始简单的文件处理、数学运算、办公自动化发展到复杂的企业外部网、企业内部网、互联网世界范围内的业务处理以及信息共享等。计算机发展的脚步迅速，病毒的发展也同样迅速，计算机病毒不但没有像人们想象的那样随着 Internet 的流行而趋于消亡，而是进一步的爆发流行，随着网络的普及，病毒开始利用网络进行传播，它们是几代病毒的改进。“蠕虫”是典型的代表，它不占用除内存以外的任何资源，不修改磁盘文件，利用网络功能搜索网络地址，将自身向下一地址进行传播，有时也在网络服务器和启动文件中存在。网络病毒改变了单机的杀毒模式，因为网络的发展使得病毒的传播更加迅速。

从九十年代计算机网络迅速发展开始，网络病毒经历了突飞猛进的发展，种类越来越多，危害越来越大，从不同的角度看，网络病毒有不同的分类方式。

1. 从网络病毒功能区分

可以分为木马病毒和蠕虫病毒。木马病毒是一种后门程序，它会潜伏在操作系统中，窃取用户资料比如 QQ、网上银行密码、账号、游戏账号密码等。“蠕虫”病毒相对来说要先进一点，它的传播途径很广，可以利用操作系统和程序的漏洞主动发起攻击，每种“蠕虫”都有一个能够扫描到计算机当中的漏洞的模块，一旦发现漏洞后立即传播出去。由于“蠕虫”的这一特点，它的危害性也更大，它可以在感染了一台计算机后通过网络感染这个网络内的所有计算机。计算机被感染后，“蠕虫”会发送大量数据包，所以被感染的网络速度就会变慢，也会因为 CPU、内存占用过高而产生或濒临死机状态。

2. 从网络病毒传播途径区分

可以分为漏洞型病毒、邮件型病毒两种。相比较而言，邮件型病毒更容易清除，它是由电子邮件进行传播的，病毒会隐藏在附件中，伪造虚假信息欺骗用户打开或下载该附件，有的邮件病毒也可以通过浏览器的漏洞来进行传播，这样，用户即使只是浏览了邮件内容，并没有查看附件，也同样会让病毒乘虚而入。而漏洞型病毒应用最广泛的就是 Windows 操作系统，而 Windows 操作系统的系统操作漏洞非常多，微软会定期发布安全补丁，即便你没有运行非法软件或不安全连接，漏洞性病毒也会利用操作系统或软件的漏洞攻击你的计算机。

网络在发展，计算机在普及，病毒也在发展壮大，如今的病毒已经不仅是传统意义上的病毒，有的时候一个病毒往往身兼数职，自己本身是文件型病毒、木马型病毒、漏洞型病毒、邮件型病毒的混合体，这样的病毒危害性更大，也更难查杀。

（二）常见的网络病毒

1.“网游大盗”

Trojan/PSW.GamePass“网游大盗”是一个盗取网络游戏账号的木马程序，会在被感染计算机系统的后台秘密监视用户运行的所有应用程序窗口标题，然后利用键盘钩子、内存截取或封包截取等技术盗取网络游戏玩家的游戏账号、游戏密码、所在区服、角色等级、金钱数量、仓库密码等信息资料，并在后台将盗取的所有玩家信息资料发送到骇客指定的远程服务器站点上，致使网络游戏玩家的游戏账号、装备物品、金钱等丢失，会给游戏玩家带来不同程度的损失。“网游大盗”会通过在被感染计算机系统注册表中添加启动项的方式实现木马开机自启动。

2.“代理木马”及其变种

Trojan/Agent“代理木马”是木马家族的最新成员之一，它采用高级语言编写，并经过加壳保护处理。“代理木马”运行后会自我复制到被感染计算机系统中的指定目录下，通过修改注册表实现开机自启。在被感染计算机的后台秘密窃取用户所使用系统的配置信息，然后从骇客指定的远程服务器站点下载其他恶意程序并安装调用运行。其中，所下载的恶意程序可能为网络游戏盗号木马、远程控制后门和恶意广告程序等，给用户带来不同程度的损失。

3.“U 盘寄生虫”及其变种

Checker/Autorun“盘寄生虫”是一个利用 U 盘等移动存储设备进行自我传播的蠕虫病毒。“U 盘寄生虫”运行后，会自我复制到被感染计算机系统的指定目录下，并重新命名保存。“U 盘寄生虫”会在被感染计算机系统中的所有磁盘根目录下创建“autorun.inr”文件和蠕虫病毒主程序体，来实现用户双击盘符而启动运行“U 盘寄生虫”蠕虫病毒主程序体的目的。“U 盘寄生虫”还具有利用 U 盘、移动硬盘等移动存储设备进行自我传播的功能。“U 盘寄生虫”运行时，可能会在被感染计算机系统中定时弹出恶意广告网页，或是下载其他恶意程序到被感染计算机系统中并调用安装运行，为用户带来不同程度的损失。“U 盘寄生虫”会通过在被感染计算机系统注册表中添加启动项的方式，来实现开机自启动。

4.“灰鸽子”及其变种

Backdoor/Huigezi“灰鸽子”是后门家族的最新成员之一，它采用 Delphi 语言编写，并经过加壳保护处理。“灰鸽子”运行后，会自我复制到被感染计算机系统的指定目录下，并重新命名保存（文件属性设置为：只读、隐藏、存档）。“灰鸽子”是一个反向连接远程控制后门程序，运行后会与骇客指定远程服务器地址进行 TCP/IP 网络通信。中毒后的计算机会变成网络僵尸，骇客可以远程任意控制被感染的计算机，还可以窃取用户计算机里所有的机密信息资料等，会给用户带来不同程度的损失：“灰鸽子”会把自身注册为系统服务，以服务的方式来实现开机自启动运行。“灰鸽子”主安装程序执行完毕后会自我删除。

5.“QQ 大盗”及其变种

Trojan/PSW.QQPass“QQ 大盗”是木马家族的最新成员之一，采用高级语言编写，并经过加壳保护处理。“QQ 大盗”运行时，会在被感染计算机的后台搜索用户系统中有关 QQ 注册表项和程序文件的信息，然后强行删除用户计算机中的 QQ 医生程序“QQDoctorMain.exe”“QQDoctor.exe”和“TSVulChk.dat”，从而保护自身不被查杀。“QQ 大盗”运行时，会在后台盗取计算机用户的 QQ 账号、QQ 密码、会员信息、Ip 地址、Ip 所属区域等信息，并且会在被感染计算机后台将窃取到的这些信息资料发送到骇客指定的远程服务器站点或邮箱，给被感染计算机用户带来不同程度的损失。“QQ 大盗”通过在注册表启动项中添加键的方式，来实现开机自启动。

6.“Flash 蛀虫”及其变种

“Flash 蛀虫”是脚本病毒家族的最新成员之一，采用 Flash 脚本语言和汇编语言编写而成，并且代码经过加密处理，利用“Adobe Flash Player”漏洞传播其他病毒。“Flash 蛀虫”一般内嵌在正常网页中，如果用户计算机没有及时升级安装“Adobe Flash Player”提供的相应的漏洞补丁，那么当用户使用浏览器访问带有“Flash 蛀虫”的恶意网页时，就会在当前用户计算机的后台连接骇客指定站点，下载其他恶意程序并在被感染计算机上自动运行。所下载的恶意程序一般多为木马下载器，然后这个木马下载器还会下载更多的恶意程序安装到被感染计算机的系统中，给用户带来不同程度的损失。

7.“初始页”及其变种

以 Trojan/StartPage.aza 为例，Trojan/StartPage.aza“初始页”变种 aza 是“初始页”木马家族中的最新成员之一，采用“Microsoft Visual C++6.0”编写，并且经过加壳保护处理。

8.“机器狗”及其变种

以 Trojan/DogArp.h 为例，Trojan/DogArp.h“机器狗”变种 h 是“机器狗”木马家族的最新成员之一，采用高级语言编写，并经过加壳保护处理。“机器狗”变种 h 运行后，在指定目录下释放恶意驱动程序并加载运行。通过恶意驱动程序直接挂接磁盘 IO 端口进行读写真实磁盘物理地址中的数据和进行监控关机行为等操作，从而达到穿透还原软件的目的。覆盖“explorcr.exe”“uscrinit.exe”或“regedit.exe”等系统文件，实现“机器狗”变种 h 开机自启动。恶意驱动程序还能还原系统“SSDT”，致使某些安全软件的防御和监控功能失效。恶意破坏注册表，致使注册表编辑器无法运行。遍历当前计算机系统中的进程列表，一旦发现与安全相关的进程，强行将其关闭。修改注册表，利用进程映像劫持功能禁止近百种安全软件及调试工具运行。在被感染计算机系统的后台连接骇客指定站点获取恶意程序列表，下载列表中的所有恶意程序并在被感染计算机上自动调用运行。其中，所下载的恶意程序可能是网游木马、广告程序（流氓软件）、后门等，给被感染计算机用户带来不同程度的损失。

（三）网络病毒的危害

计算机病毒从只存在于实验室，到影响了几乎所有计算机使用者，其强大的危害性有目共睹，总体说来，与传统的计算机病毒相比，网络病毒带来了更为严重的危害，主要表现在用户隐私泄露和网络性能影响上。

1. 隐私泄露

网络病毒窃取用户资料比如 QQ、网上银行密码、账号、游戏账号密码等。随着互联网和移动互联网的日益普及，人们享受到无比的便利，网络办公、网上购物、网上交友、网络游戏提高了生活效率，同时也带来了生活乐趣。但是，随着网络上各种账号、密码的增加，基于盗取这些信息从而获取利益的病毒也急剧增加，这些信息的泄露轻则侵犯到个人的隐私，重则带来巨大的经济损失。在网络越来越普及的今天，对计算机使用者带来的影响也越来越大。

2. 性能影响

网络病毒相对单机病毒对计算机及网络的性能影响更大，原因在于它的传播途径很广，而且可以影响整个网络，网络病毒可以利用目前较快的网速实现远高于光盘、软盘等介质的传播速度。以蠕虫病毒为例，每种蠕虫都有一个能够扫描到计算机当中的漏洞的模块，一旦发现漏洞后立即传播出去，它可以在感染了一台计算机后通过网络感染这个网络内的所有计算机。计算机被感染后，蠕虫会发送大量数据包，所以被感染的网络速度就会变慢，也会因为CPU、内存占用过高而产生或濒临死机状态。目前，高校、公司甚至家庭等各个方面都离不开计算机和网络，一旦网络病毒在网内大肆传播，将造成用户文件丢失、网络阻塞甚至设备损坏等严重后果例如，“冲击波杀手”病毒曾造成许多网络核心设备过载死机，严重影响了网络的运行；“震荡波”病毒也曾大规模传播流行，感染病毒机器反复重启，严重影响了用户的使用；“传奇木马”一类的arp病毒引起局部网络时断时续，网络访问非常困难。总之网络病毒严重影响了网络性能、导致网络无法正常运行。

四、反病毒技术

计算机病毒技术发展的过程，也是计算机反病毒技术发展的过程，计算机反病毒工作者从最初的仓促应战，到越来越掌握主动权，经历了漫长而曲折的过程。

最开始的杀毒软件是针对单个病毒而设计的，但随着20世纪80年代末开始计算机病毒数量急剧膨胀，达到上千种，显然不能用上千种杀毒软件去对抗大量病毒，并且随着新病毒的出现而不断升级。毫无疑问，杀病毒软件是对抗计算机病毒、彻底解除病毒危害的有力工具。但美中不足的是杀病毒软件只能检测杀除已知病毒。而对新病毒却无能为力，同时人们发现杀病毒软件本身也会染上病毒。于是反病毒技术界就设想能否研制一种既能对抗新病毒，又不怕病毒感染的新型反病毒产品。后来这种反病毒硬件产品研制出来了，就是防病毒卡。防病毒卡的核心是一个固化在ROM中的软件，它的出发点是一以不变应万变，通过动态驻留内存来监视计算机的运行情况，根据总结出的病毒行为规则和经验，通过截获中断控制权规则和经验来判断是否有病毒活动。防病毒卡曾经让反病毒工作者认为终于找到了一个万全之策，可以解决所有的病毒攻击，因为理论上所有正在内存中运行的病毒都会被清理掉。从20世纪80年代末到90年代初，基本上是杀病毒软件和防病毒卡并行使用，各司其职，互为补充，成为反病毒工作的重要工具。但随着病毒技术的发展，防病毒卡很快便衰落下来，一方面是因为防病毒卡作为固化软件升级困难，更为重要的则是随着磁盘病毒的产生使防病毒卡根本无能为力。

到20世纪90年代中期，由于病毒数量继续增多，反查杀技术继续提高，杀毒和防毒产品各自分立使用已经很难满足用户的需求，随之出现了“查杀防合一”的集成化反病毒产品，把各种反病毒技术有机地组合到一起共同对计算机病毒作战。20世纪90年代末期，随着操作系统和网络的大力发展，病毒技术也获得了新的发展，防病毒卡已失去存在的价值，退出历史舞台，出现了具有实时防病毒功能的反病毒软件。总体说来，反病毒技术经历了以下发展阶段：

第一代反病毒技术采取单纯的病毒特征诊断，但是对加密、变形的新一代病毒，简单扫描无能为力；

第二代反病毒技术采用静态广谱特征扫描技术，可以检测变形病毒，但是误报率高，杀毒风险大，显示出静态防病毒技术难以克服的缺陷；

第三代反病毒技术将静态扫描技术和动态仿真跟踪技术相结合，能够全面实现防、查、杀等反病毒所必备的手段，以驻留内存的方式检测病毒的入侵，凡是检测到的病毒都能清除，不会破坏文件和数据；

第四代反病毒技术基于病毒家族体系的命名规则，基于多位 CRC 校验和扫描机理、启发式智能代码分析模块、动态数据还原模块（能查出隐蔽性极强的压缩加密文件中的病毒）、内存杀毒模块、自身免疫模块等先进杀毒技术，能够较好地完成查杀毒的任务。

可以肯定，只要计算机病毒继续存在，反病毒技术就会继续发展。新的病毒形态不断出现，但反病毒技术基于检测、防范和清除的一般规律是不变的。也就是说计算机病毒的防治要从查毒、防毒和杀毒 3 个方面来进行。

（一）病毒的检测

病毒的检测即查毒，是清除病毒的前提条件。通过查毒，应该能够准确地判断计算机系统是否感染病毒，能准确地找出病毒的来源，并能给出统计报告。查毒的能力应由查毒率和误报率来评断，目前通用的查毒方式有三种：

1. 病毒扫描

病毒扫描的原理就是寻找病毒特征，通过这些病毒特征能唯一地识别某种类型的病毒。判别病毒扫描程序好坏的一个重要指标就是“误报”率。如果“误报”率太高，就会带来不必要的虚惊。此外，进行病毒扫描的软件必须随时更新，因为新的病毒在不断涌现，而且有些病毒还具有变异性和多态性。

2. 完整性检查

完整性检查可以用来监视文件的改变，当病毒破坏了用户的文件后（比如将自己隐藏于文件头部、尾部或文件中），文件大小就会改变，完整性检查程序就可帮助用户发现病毒。该技术的缺点是只有在病毒产生破坏作用之后，才可能发现病毒，且“误报”率相对较高。例如，由于软件的正常升级或程序设置的改变等原因都可以导致“误报”，但是完整性检查软件主要检查文件的改变，所以它们适合于对付多态和变异病毒。

3. 行为封锁

行为封锁有别于在文件中寻找或观察其文件被改变的软件，它试图在病毒开始工作时就阻止病毒。在异常事件发生前，行为封锁软件可能检查到异常情况，并警告用户。当然，有的“可疑行为”实际上是完全正常的，所以“误诊”总是难免的。例如，一个文件调用另一个可执行文件就可能存在伴随型病毒的征兆，但也可能是某个软件包要求的一种操作。

对于确定的环境，包括内存、文件、引导区 / 主引导区、网络等能够准确地报出病毒名称。但计算机病毒的应用环境是不断变化的，查毒时应当结合多种技术，才能有效地检测出病毒，从而更好地保护计算机不受病毒侵害。

（二）病毒的防范与清除

随着计算机技术的不断发展，计算机病毒变得越来越复杂，其对计算机信息系统构成的威胁也越来越大，急需进行病毒防范。病毒防范需要根据系统特性，采取相应的系统安全措施预防病毒入侵计算机。通过采取防毒措施，可以准确、实时地检测经由光盘、软盘、硬盘等不同目录之间，局域网、因特网之间或其他形式的文件下载等多种方式进行的传播，能够在病毒侵入系统时发出警报，记录携带病毒的文件，及时清除其中的病毒。对网络病毒而言，能够向网络管理人员发送关于病毒入侵的消息，记录病毒入侵的工作站，必要时还能够注销工作站，隔离病毒源。

1. 病毒的防范

预防计算机病毒有一些基本的方法，总体来说主要包括技术性防毒和策略性防毒两个方面。

（1）技术性防毒

技术性防毒主要包括使用杀毒软件并且经常将其升级更新，使病毒程序远离计算机；使用最新版本的万维网浏览器软件、电子邮件软件及其他程序。

（2）策略性防毒

对于大部分计算机防病毒软件而言，完全预防所有的病毒是几乎不可能的事情，策略性防毒将会更大程度地保障计算机安全，包括对重要文件进行备份，以免由于病毒危害造成不可挽回的损失；保持良好的习惯，使用由数字和字母混排而成、难以破译的口令密码，并且经常更换，对不同的网站和程序，要使用不同的口令，以防止被黑客破译，只向有安全保证的网站发送信用卡号码，留意寻找浏览器底部显示的挂锁图标或钥匙形图标，不打开来路不明的电子邮件的附件；及时了解病毒技术的最新动向，若知道某种病毒的发作条件，在不能确定计算机是否被病毒感染的情况之下，最简单的做法就是不让这种病毒发作的条件得到满足。

2. 病毒的清除

病毒清除是指根据不同类型病毒对感染对象的修改，并按照病毒的感染特征所进行的恢复。该恢复过程不能破坏未被病毒修改的内容，即最大限度恢复感染对象未中毒前的原始信息。感染对象包括：内存、引导区 / 主引导区、可执行文件、文档文件、网络等。清毒能力是指从感染对象中清除病毒，恢复被病毒感染前的原始信息的能力。

（1）文件型病毒清除

文件型病毒的清除最为普遍，因为在计算机病毒中绝大部分是文件型。从数学角度而言，消除病毒的过程实际上是病毒感染过程的逆过程。通过检测工作（跳转、解码），可以得到病毒体的全部代码，分析病毒对文件的修改，把这些修改还原即可将病毒清除。

（2）引导型病毒清除

对于引导型病毒清除要复杂得多，因为此类病毒占据软盘或硬盘的第一个扇区，在开机后先于操作系统得到对计算机的控制，影响系统的 I/O 存取速度，干扰系统的正常运行，需要通过重写引导区的方法清除。这类病毒的种类比较多，我国发现的第一例病毒一“小球”病毒就是引导型病毒。

（3）内存病毒清除

内存病毒清除的难度更高，因为内存中的病毒会干扰反病毒软件的检测结果，所以反病毒软件的设计者还必须考虑到对内存进行杀毒。新的内存杀毒技术是找到病毒在内存中的位置，重构其中部分代码，使其传播功能失效。

（三）常见的杀毒软件介绍

目前最有效的病毒预防和清除方式是安装杀毒软件，在一般的单位或企业里面，会购买一定期限的软件，可以比较有效地防范病毒的入侵，保护公司系统的安全和保证数据的保密性，对于一般的用户，可以选择到网上寻找适当的资源。当然，杀毒软件需要通过在线或离线升级的方式适时更新最新的版本。

专业的杀毒软件有Symantec Norton Antivirus、McAfee VirusScan、F-Secure Anti Virus、BitDefender等，这些软件大多需要支付一定的费用：对个人计算机而言，在互联网上有很多公司提供了免费的防毒杀毒软件，比较常见的有360杀毒软件、瑞星杀毒软件、江民杀毒软件等。下面对360软件设置作简单介绍。

（四）网络病毒的防范与清除

网络环境下病毒的防范与清除显得更加重要了。这有两方面的原因：首先是网络病毒具有更大破坏力；其次是遭到病毒破坏的网络要进行恢复非常麻烦，而且有时几乎不可能恢复因此采用高效的网络防病毒方法和技术是一件非常重要的事情。一般来讲，计算机病毒的防治在于完善操作系统和应用软件的安全机制。但在网络环境条件下，可相应采取新的防范手段。网络大都采用“Client.Server”的工作模式，需要从服务器和工作站两个方面结合解决防范病毒的问题。

1. 基于服务器的防毒技术

服务器是网络的核心，一旦服务器被病毒感染，无法启动，整个网络就会陷于瘫痪。目前基于服务器的防治病毒方法大都采用了NLM（NetWare Load Module）技术，以NLM模块方式进行程序设计，以服务器为基础，提供实时扫描病毒能力。市场上的产品（如Central Point公司的AntiVirus for Networks，Intel公司的LANdesk Virus Protect以及南京威尔德计算机公司的Lanclear for NetWare等）都是采用了以服务器为基础的防病毒技术。这些产品的目的都是保护服务器，使服务器不被感染。这样，病毒也就失去了传播途径，因而杜绝了病毒在网上蔓延。目前基于服务器的防毒技术一般具有以下功能：

（1）服务器所有文件扫描

对服务器中的所有文件集中检查是否带毒，若有带毒文件，则提供管理员等几种处理方法：允许用户清除病毒、删除带毒文件，或更改带毒文件名成为不可执行文件名并隔离到一个特定的病毒文件目录中。

（2）设置扫描时机

包括实时扫描和管理员设置扫描时机。实时扫描即全天 24 小时监控网络中是否有带毒文件进入服务器，实时在线扫描能非常及时地追踪病毒的活动，及时告之网络管理员和工作站用户；服务器扫描时机选择可由系统管理员定期检查服务器中是否带毒，可按月、周或天集中扫描一下网络服务器。

（3）对工作站扫描

基于服务器的防病毒软件不能保护本地工作站的硬盘，有效方法是在服务器上安装防毒软件，同时在上网的工作站内存中调入一个常驻扫毒程序，实时检测在工作站中运行的程序。

（4）对用户开放特征接口

对用户遇到的带毒文件自动报告及进行病毒存档。病毒存档内容为：病毒类型、病毒名称、带毒文件所存的目录及工作站标识和对病毒文件处理方法等。经过病毒特征分析程序，自动将病毒特征加入特征库，以随时增强抗毒能力。

基于服务器的防治病毒方法，表现在可以集中式扫毒，能实现实时扫描功能，软件升级方便。特别是当连网的机器很多时、利用这种方法比为每台工作站都安装防病毒产品要节省成本。

2. 基于工作站的防毒技术

虽然服务器扫描具有较高的扫描效率，也节省了成本，但不能兼顾所有的工作站，对某些重要位置的工作站，可以采取单独防毒的方法结合使用。工作站方面安装防病毒芯片的方法，这种方法是将防病毒功能集成在一个芯片上，安装在网络工作站上，以便经常性地保护工作站及其通往服务器的路径，就能有效地防止病毒的入侵。将工作站存取控制与病毒保护能力合二为一插在网卡的 EPROM 槽内，用户也可以免除许多繁琐的管理工作。

市场上 Chipway 防病毒芯片就是采用了这种网络防病毒技术。在工作站 DOS 引导过程中，ROMBIOS、Extended BIOS 装入后，Partition Table 装入之前，Chipway 获得控制权，这样可以防止引导型病毒。Chipway 的特点是：

①不占主板插槽，避免了冲突

②遵循网络上国际标准，兼容性好

③具有其他工作站防毒产品的优点

但目前，Chipway 对防止网络上广为传播的文件型病毒能力还十分有限。

同时，由于网络防病毒最大的优势在于网络的管理能力，对网络的管理可以从两方面着手解决：一是制定严格的管理制度，加强硬、软件的管理，防止硬、软件随意流通，尤其是光盘、U 盘、移动硬盘等存储工具的流通；二是充分利用网络系统安全管理方面的功能（即设置注册名、用户口令、访问权限和文件属性等），有效地防止病毒侵入。

第四节 网络设备安全

一、交换机安全

随着计算机性能的不断提升，针对网络中的交换机、路由器或其他计算机等设备的攻击趋势越来越严重，影响越来越剧烈。大部分在网络建设的时候过多地关注了终端主机的安全（如服务器、用户终端计算机的安全），而对于交换机就没有给予足够多的重视。交换机作为局域网信息交换的主要设备，特别是核心、汇聚交换机承载着极高的数据流量，在突发异常数据或攻击时，极易造成负载过重或宕机现象。随着技术的不断提升，使得交换机性能和功能都有了很大的改善，现在的交换机在设计的时候，本身就提供了一些防攻击的工具，如采用一些安全技术尽可能抑制攻击带来的影响，减轻交换机的负载，使局域网稳定运行，在交换机上应用一些安全防范技术等。

网络的安全问题不可能通过某种一劳永逸的技术来解决，而是必须跟随环境状态的变化而发展，综合考虑时间、空间和网络层次因素，不断调整安全策略。交换机作为网络的基础设施，首先应该保证硬件体系和网络操作系统层次的安全，同时具备全面的安全特性，并可以灵活调整。

下面，我们介绍几种交换机安全防护技术。第一种安全防护技术为 ACL，第二种安全防护技术为 MAC 地址过滤，第三种安全防护技术为流量控制，第四种安全防护技术为端口安全，第五种安全防护技术为环路检测。

（一）实现交换机安全

1. 通过 ACL 实现交换机安全

网络应用的不断发展促使了交换机不断更新换代，性能不断提高以及功能不断增加。随着对技术的熟悉，数据安全和网络的稳定性引起了人们的重视。人们希望构建一个可以任意控制的交换网络，来达到数据安全和网络稳定的目的，为了使得网络更方便地为人们服务，提高数据的安全性，ACL（Access Control List）技术应运而生一下面来看看交换机 ACL 的配置。

2.MAC 地址过滤实现交换机安全

交换机安全的提高，由于交换网络是基于 MAC 寻址的，所以使用者想通过 MAC 限制来屏蔽掉一些非法的用户，这些非法用户将无法通过设备与外界通讯。下面介绍 MAC 地址过滤的配置过程。过滤地址是手工添加的 MAC 地址。当设备接收到以过滤地址为源地址的包时将会直接丢弃。过滤地址永远不会老化，只能手工进行配置和删除，过滤地址可以保存到配置文件中，即使设备复位，过滤地址也不会丢失。

3. 风暴控制实现交换机安全

当交换网络中存在过量的广播、多播或未知名单播包时，就会导致网络变慢和报文传输超时概率大大增加。这种情况我们称之为广播风暴。协议栈的执行错误或对网络的错误配置都有可能导致风暴的产生。我们可以分别针对广播、多播和未知名单播数据包进行风暴控制。当接口接收到的广播、多播或未知名单播包的速率超过所设定的阀值时，设备将只允许通过所设定阀值带宽的报文，超出阀值部分的报文将被丢弃，直到数据流恢复正常，从而避免过量的泛洪报文进入网络中形成风暴。

4. 保护端口和端口安全实现交换机安全

有些应用环境下，要求一台设备上的有些端口之间不能互相通讯。在这种环境下，这些端口之间的通讯，不管是单址帧、广播帧，还是多播帧，都不能在保护口之间进行转发，我们通过将某些端口设置为保护口来达到目的。

利用端口安全这个特性可以通过限制允许访问设备上某个端口的 MAC 地址以及 IP（可选）来实现严格控制对该端口的接入。当为安全端口（打开了端口安全功能的端口）配置了一些安全地址后，则除了源地址为这些安全地址的报文外，这个端口将不转发其他任何报文。此外，还可以限制一个端口上能包含的安全地址最大个数，如果将最大个数设置为 1，并且为该端口配置一个安全地址，则连接到这个口的工作站（其地址为配置的安全 MAC 地址）将独享该端口的全部带宽。当违例产生时，可以设置以下几种对违例的处理模式：

第一，protect。当安全地址个数满后，安全端口将丢弃未知名地址（不是该端口的安全地址的任何一个）的包。该处理模式为默认的对违例的处理模式。

第二，restrict。当违例产生时，将发送一个 Trap 通知。

第三，shutdown。当违例产生时，将关闭端口并发送一个 Trap 通知。

5. 环路检查实现交换机安全

网络环路是数据链路层上的故障，只涉及 MAC 地址，不管高层封装的是什么类型的包都有可能引起广播风暴网络。网络规模的扩大使网络结构变得复杂，网络接入的交换机也变得多样化，使得以太网中的交换机之间存在不恰当的端口相连会造成网络环路，如果相关的交换机没有打开 STP 功能或者部分交换机没有此功能，这种人为引起的环路会引发数据包的无休止重复转发，形成广播风暴，从而造成网络故障。RLDP 全称是 Rapid Link Detection Protocol，是一个用于快速检测以太网链路故障的环路检测协议。当网络发生环路故障时，RLDP 会根据用户的配置对这种故障做出处理，包括警告、设置端口违例、关闭端口所在的 svi、关闭端口学习转发等。

6. 802.1X 实现交换机安全

在传统以太网中，用户只要能接到网络设备上，不需要经过认证和授权即可直接使用。这样，一个未经授权的用户，可以没有任何阻碍地通过连接到局域网的设备进入网络。随着局域网技术的广泛应用，特别是随着运营网络的出现，对网络的安全认证的需求已经提到了议事日程上。如何在以太网技术简单、廉价的基础上，提供用户对网络或设备访问合法性认证，已经成为业界关注的焦点。

（二）交换机安全知识

1.ACL（访问控制列表）技术

（1）ACL 的定义

ACL 的全称为访问控制列表（Access Control Lists），俗称防火墙，有的还称之为包过滤。安全 ACL 在数据流通过网络设备时对其进行分类过滤，并对从指定接口输入或者输出的数据流进行检查，根据匹配条件决定是允许其通过还是丢弃。总的来说，安全 ACL 用于控制哪些数据流允许从网络设备通过 ACL 由一系列的表项组成，我们称之为接入控制列表表项（Access Control Entry.ACE）。每个接入控制列表表项都申明了满足该表项的匹配条件及行为。访问列表规则可以针对数据流的源地址、目标地址、上层协议、时间区域等信息。

（2）ACL 的作用

第一，限制路由更新，控制路由更新信息发往什么地方，同时希望在什么地方收到路由更新信息。

第二，为了确保网络安全，通过定义规则，可以限制用户访问一些服务（如只需要访问 WWW 和电子邮件服务，其他服务如 TELNET 则禁止），或者仅允许在给定的时间段内访问，或只允许一些主机访问网络等等。

（3）交换机 ACL 分类

标准访问控制列表：根据三层源 IP 制定规则，对数据包进行相应的分析处理。

扩展访问控制列表：根据源 IP、目的 IP、使用的 TCP 或 UDP 端口号、报文优先级等数据包的属性信息制定分类规则，对数据包进行相应的处理。扩展访问控制列表支持对三种报文优先级的分析处理：TOS（Type Of Service）优先级、IP 优先级和 DSCP 优先级。

二层访问控制列表：根据源 MAC 地址、源 VLAN ID、二层协议类型、报文二层接收端口、报文二层转发端口、目的 MAC 地址等二层信息制定规则，对数据进行相应处理。

专家级访问控制列表：根据用户的定义对二层数据帧的前 80 个字节中的任意字节进行匹配，对数据报文做出相应的处理。正确使用用户自定义访问控制列表需要用户对二层数据帧的构成有深入的了解。

交换机 ACL 默认动作为禁止。

2.ACL 可使用环境

访问列表一般配置在以下位置的网络设备上：

第一，内部网和外部网（如 INTERNET）之间的设备；

第二，网络两个部分交界的设备；

第三，接入控制端口的设备。

3.ACL 使用原则

在配置 ACL 时应该遵循：最小特权原则，只给受控对象完成任务所必需的最小的权限；最靠近受控对象原则，所有的网络层访问权限控制。访问控制列表语句的执行必须严格按照表中语句的顺序，从第一条语句开始比较，一旦一个数据包的报头跟表中的某个条件判断语句相匹配，那么后面的语句就将被忽略，不再进行检查。

4.ACL 匹配规则

输入 ACL 在设备接口接收到报文时，检查报文是否与该接口输入 ACL 的某一条 ACE 相匹配；输出 ACL 在设备准备从某一个接口输出报文时，检查报文是否与该接口输出 ACL 的某一条 ACE 相匹配。

在制定不同的过滤规则时，多条规则可能同时被应用，也可能只应用其中几条。只要是符合某条 ACE，就按照该 ACE 定义的处理报文。ACL 的 ACE 是根据以太网报文的某些字段来标识以太网报文的，这些字段包括：

二层字段（Layer 2 Fields）：

138 位的源 MAC 地址（必须声明所有 138 位）；

138 位的目的 MAC 地址（必须声明所有 138 位）；

16 位的二层类型字段。

三层字段（Layer 3 Fields）：

源 IP 地址字段（可以声明全部源 IP 地址值，或声明所定义的子网来定义一类流）；

目的 IP 地址字段（可以声明全部目的 IP 地址值，或声明所定义的子网来定义一类流）；

协议类型字段。

四层字段（Layer 13 Fields）：

· 可以声明一个 TCP 的源端口、目的端口或者都声明；

· 可以声明一个 UDP 的源端口、目的端口或者都声明。

5. 802.1 X 知识

（1）概述

IEEE802.1x（Port-Based Network Access Control）是一个基于端口的网络存取控制标准，为局域网提供点对点式的安全接入。这是 IEEE 标准委员会针对以太网的安全缺陷而专门制定的标准，能够在利用以太网优势的基础上，提供一种对连接到局域网设备的用户进行认证的手段。

IEEE 802.1x 标准定义了一种基于“客户端 - 服务器”（Client-Server）模式实现了限制未认证用户对网络的访问。客户端要访问网络必须先通过服务器的认证。

在客户端通过认证之前，只有 EAPOL（Extensible Authentication Protocolover LAN）报文可以在网络上通行。在认证成功之后，正常的数据流便可在网络上通行。

（2）设备的角色

IEEE802.1X 标准认证体系由恳请者、认证者、认证服务器三个角色构成，在实际应用中，三者分别对应为：工作站（Client）、支持 802.1X 的设备（Network Access Server，NAS）、认证计费服务器（Radius-Server）。

①恳请者

恳请者是最终用户，一般是PC。它请求对网络服务的访问，并对认证者的请求报文进行应答。恳请者必须运行符合IEEE 802.1x客户端标准的软件，目前最典型的就是Windows XP操作系统自带的IEEE802.1X客户端支持。另外，各认证服务软件开发厂商也已推出符合该客户端标准的客户端软件。

②认证者

认证者一般为交换机等接入设备。该设备的职责是根据客户端当前的认证状态控制其与网络的连接状态，客户端和认证服务器是无法直接通信的，需要交换机等认证设备作中介设备扮演认证客户端的角色，因此我们把设备称作Network Access Server（NAS），它要负责把从客户端收到的回应封装到RADIUS格式的报文并转发给认证服务器，同时它要把从认证服务器收到的信息解释出来并转发给客户端。设备扮演认证者角色的设备有两种类型的端口：受控端口和非受控端口。连接在受控端口的用户只有通过认证才能访问网络资源；而连接在非受控端口的用户无须经过认证便可以直接访问网络资源。我们把用户连接在受控端口上，便可以实现对用户的控制；非受控端口主要是用来连接认证服务器，以便保证服务器与设备的正常通讯。

③认证服务器

认证服务器通常为RADIUS服务器，认证过程中与认证者配合，为用户提供认证服务。认证服务器保存了用户名及密码，以及相应的授权信息，一台服务器可以对多台认证者提供认证服务，这样就可以实现对用户的集中管理。认证服务器还负责管理从认证者发来的记账数据。

（3）认证过程中的报文交互

恳请者和认证者之间通过EAPOL协议交换信息，而认证者和认证服务器通过RADIUS协议交换信息，通过这种转换完成认证过程。EAPOL协议封装于MAC层之上，类型号为0x888E。同时，标准为该协议申请了一个组播MAC地址01-80-C2-00-00-03，用于初始认证过程中的报文传递。

（4）802.1x协议特点

第一，IEEE802.1X协议为二层协议，不需要到达三层，对设备的整体性能要求不高，可以有效降低建网成本；

第二，借用了在RAS系统中常用的EAP（扩展认证协议），可以提供良好的扩展性和适应性，实现对传统PPP认证架构的兼容；

第三，802.1X的认证体系结构中采用了“可控端口”和“不可控端口”的逻辑功能，从而可以实现业务与认证的分离，由RADIUS和交换机利用不可控的逻辑端口共同完成对用户的认证与控制。业务报文直接承载在正常的二层报文上通过可控端口进行交换，通过认证之后的数据包是无须封装的纯数据包；

第四，可以使用现有的后台认证系统降低部署的成本，并有丰富的业务支持；

第五，可以映射不同的用户认证等级到不同的 VLAN；

第六，可以使交换端口和无线 LAN 具有安全的认证接入功能。

二、路由器安全

随着网络应用的普及和发展，网络安全问题成为多方面广泛关注的问题。人们对网络的可靠性，操作系统能否正常运行，以及各种应用软件和系统设备是否会被病毒侵扰或黑客攻击的关注程度，大大超过了以往。网络安全问题已经延伸到整个网络体系结构的任何一个层面。在整个网络结构中，即使网络里配置了防火墙和 IDS 等安全设备，也不能完全保证整个网络系统的安全。尤其是网络中的黑客会篡改路由信息，或伪装路由器发送一些虚假信息，使网络系统瘫痪。在以往，多数的网络安全问题出现在主机操作系统方面，各种漏洞和后门让那些非法入侵者有机可乘。随着网络技术的普及和发展，越来越多的人对路由器技术有所了解，这样使得路由器的安全漏洞呈现出来，从路由表到路由协议，成为新的安全隐患。保护路由器自身的安全是路由器的一项重要功能。下面我们介绍几种路由器的安全技术。

（一）实现路由器安全

1.ACL 实现路由器安全

ACL 的定义、概念和用法参看前面交换机的 ACL 资料。路由器由于其功能的特殊性，使得其上的 ACL 与一般交换机有细微的差别，就是路由器的 ACL 可以对进入和流出端口的数据进行控制，而一般交换机只能对进入端口的数据控制。下面来看看路由器 ACL 的配置。

2.NAT 实现路由器安全

NAT—网络地址转换，是通过将专用网络地址（如企业内部网 Intranet）转换为公用地址（如互联网 Internet），从而对外隐藏了私网 IP 地址。这样，通过在内部使用私网 IP 地址，并将它们转换为一小部分公网 IP 地址，从而减少了 IP 地址注册的费用以及节省了目前越来越缺乏的地址空间。同时，这也隐藏了内部网络结构，从而降低了内部网络受到攻击的风险。

3.VPN 实现数据安全

随着网络经济的发展，企业日益扩张，客户分布日益广泛，合作伙伴日益增多，促使了企业的效益日益增长，另一方面也越来越凸现传统企业网的功能缺陷。传统企业网基于固定物理地点的专线连接方式已难以适应现代企业的需求。于是企业对于自身的网络建设提出了更高的需求，主要表现在网络的灵活性、安全性、经济性、扩展性等方面。在这样的背景下，VPN 以其独具特色的优势赢得了越来越多的企业的青睐，令企业可以较少地关注网络的运行与维护，而更多地致力于企业的商业目标的实现。

（二）路由器安全知识

1.NAT 技术

第一，主机没有全局唯一的可路由 IP 地址，却需要与互联网连接。NAT 使得用私网 IP 地址构建的私有网络可以与互联网连通，这也是 NAT 最重要的用处之一。NAT 在连接内部网络和外部网络的边界路由器上进行配置，当内部网络主机访问外部网络时，将内部网络地址转换为全局唯一的可路由 IP 地址。

第二，必须变更内部网络的 IP 地址。为了避免花费大量工作在 IP 地址的重新分配上，可以选择使用 NAT，这样内部网络地址分配可以保持不变。

第三，需要做 TCP 流量的负载均衡，又不想购买昂贵的专业设备。可以将单个全局 IP 地址对应到多个内部 IP 地址，这样 NAT 就可以通过轮询方式实现 TCP 流量的负载均衡。

2. 使用 NAT/NAPT 带来的好处

（1）解决 IPv4 地址空间不足的问题；

（2）私有 IP 地址网络与公网互联，（10.0.0.0/8，172.16.0.0/12，192.168.0.0/16）；

（3）非注册 IP 地址网络与公网互联（建网时分配了全局 IP 地址，但没注册）；

（4）网络改造中，避免更改地址带来的风险；

（5）TCP 流量的负载均衡。

3.NAT/NAPT 的术语

· 内部网络—Inside；

· 外部网络—Outside；

· 内部本地地址—Inside Local Address；

· 内部全局地址—Inside Global Address；

· 外部本地地址—utside Local Address；

· 外部全局地址—utside Global Address。

第一，内部本地地址（Inside Local Address），是指分配给内部网络主机的 IP 地址，该地址可能是非法的未向相关机构注册的 IP 地址，也可能是合法的私有网络地址。

第二，内部全局地址（Inside Global Address），是指合法的全局可路由地址，在外部网络代表着一个或多个内部本地地址。

第三，外部本地地址（Outside Local Address），是指外部网络的主机在内部网络中表现的 IP 地址，该地址是内部可路由地址，一般不是注册的全局唯一地址。

第四，外部全局地址（Outside Global Address），是指外部网络分配给外部主机的 IP 地址，该地址为全局可路由地址。

第十章　计算机网络的实际应用

第一节　基于计算机网络的多媒体技术运用

信息化环境下，很多国家和地区推进了信息化措施。我国也在不断探索新的生活模式，各种新理念、新技术的应用推动了各行各业的创新。随着互联网和信息技术的发展，多媒体技术逐渐应用到更多的领域。信息化环境下，生活网络化、信息化逐渐推进，形成一种现代化的生活模式。文章首先对计算机网络的多媒体技术的应用做整体概述，进而对部分行业计算机网络的多媒体技术的应用进行探究。

多媒体技术，作为现代科技的典型代表，因为自身所具有的多功能性与直观体验特性等优势，迅速成为一项引领科技发展、有效影响人们生产生活的技术。该技术通过将传统的文字、图片、影像、声音等较为单一的媒介方式进行有机整合，最大限度地满足使用者的感官刺激体验。而计算机网络，作为人们生产实践的重要工具与相关功能实现手段，在不断发展的过程中，也将多媒体这一先进技术予以有效应用与融合，进而不断丰富其自身功能，为生活提供更多的便利。

一、计算机网络与多媒体技术概述

计算机网络的技术运用随着社会的不断发展进步，在社会生产活动中发挥着巨大的作用。它是人类向信息集成大数据技术发展的基石。当前，社会发展速度十分迅猛，而多媒体技术的发展更是一日千里。在工作中可以辅助工作者完成相关工作的记录、整理，在教学中可以辅助教师教授课程，还可以助力学生进行自主学习模式的探究，而在生活方面的应用则更加广泛包罗万象。另外包括人们常用的手机点餐、网络购物、微信购物也是多媒体技术的表现形式，这些多媒体技术的运用在人类发展史中具有里程碑式的意义，也是传统生活模式与现代化生活模式的分水岭。多媒体技术作为现代科技的典型代表，终端集成性能优越、有极强的交互特性、同步性能突出、实时特性较明显，成为一项引领科技发展、有效影响人们生产生活的技术。

二、基于计算机网络的多媒体技术的应用

（一）基于计算机网络的多媒体技术在教学中的应用

多媒体教学概念的出现对于教育界算是较为新型的词汇，国内外学者对其研究多年，暂时并没有较为明确的定义。部分被学者认为多媒体教学传统教学方式中较为直接的教学空间转换为较

为私人的教学空间，教师在教学过程中的角色逐渐从教育者转为指导者，更多的是采用学生之间互动学习的方式。但学生成立的教学小组并不能独立完成教学活动。还有一部分学者认为多媒体教学就是通过观看视频和制作多媒体课件进行学习，但这样的说法弱化了多媒体教学的互动性，被认可较多的说法是多媒体教学使学生通过课前的视频、资料等媒介对知识进行预习，并在课堂上通过沟通和互助完成知识的吸收。多媒体教学对于教育教学活动的顺序转变方面、教学的活动空间发生转变方面、狭义和广义双重角度方面、学习理论及建构主义方面以及课内外的活动整合方面都有着重要的影响。

经济与科技的发展逐渐促进了教育事业的进步。教育教学方式和空间的改变，也成为教育事业发展的重点。在信息化环境下，多媒体教学逐渐发展为新的教学模式，并逐渐顺应我国教育的发展需求，也证明在教学发展的过程中，教学模式的更新对提升教学质量有着重要的意义。受到传统教学模式的影响，大多数采用填鸭式的教学，使得课堂大大降低了教学的趣味性，导致学生的学习积极性降低。而多媒体教学的教学模式通过对于多媒体的应用，在更大程度上顺应了现代高效的教学理念，教育方式相对于义务教育显得更加轻松。多媒体教学在课堂教学中的广泛应用，很大程度上提高了学生的学习地位，将被动学习转化为主动学习，并能够针对的教学模式，开展多样性的教学活动，在保证学生有自主独立的学习时间的同时，将课堂教学的价值发挥到最大。综上所述，多媒体教学能够很好地适应现代教学背景，也可以说是教学发展的必然产物，较为贴合我国教育教学事业发展的趋势，对于各类型的学校和各学科的教学均具有很强的现实意义。一方面减少了教师在备课过程中的工作量，一方面为学生提供更加自由的学习空间，在很大程度上提升教学活动的有效性。

（二）基于计算机网络的多媒体技术在建筑施工中的应用

工程建筑与大众日常生活息息相关，人们的工作、学习、生活的环境都和建筑工程的质量有着密切的联系，因此提升工程建筑的质量不能仅仅依靠传统的技术。随着互联网技术的飞速发展，一些新的技术逐渐应用在建筑工程中，BIM 技术逐渐在各个领域发挥其优势，其中 BIM 在建筑工程中起到至关重要的作用。BIM 全称是 Building Information Modeling，是指建立的建筑模型。BIM 技术应用范围广，对很多行业的安全隐患排查、质量监督都起到重要的作用。其最广泛的应用是在建筑工程当中。BIM 技术能够广泛应用在建筑工程中，很大程度上取决于其多方面的优势。BIM 技术能够对建筑设计、施工和管理方面进行优化。同时 BIM 技术能够建立仿真模型，通过数据信息的分析，能够及时发现施工过程中存在的问题，并根据情况对人员和计划做出调整，极大地提高了施工的效率。BIM 将物理、数学等建筑过程中所需的信息加以整合，及时为建筑工程提供资源。BIM 能够将建筑过程中需要的信息进行直观处理，同时 BIM 技术能够整体地对建筑工程进行方便快捷的管理，以虚拟的建筑模型体现建筑工程的信息。BIM 技术能够在施工前，对整体的建筑工程进行模拟计划，为后续工作的开展提供了参考。在施工的过程中能够对出现的突发状况以及内部外部因素进行及时发现与调节。施工完成之后，也能够协助完成工程的验收工作。

BIM技术建立在计算机技术之上，能够准确地提取施工数据，加以整合与分析，并建立仿真模型，能够对施工建设情况进行直观反映。

（三）基于计算机网络的多媒体技术在信息管理中的应用

随着政府职能的不断转变，信息资源的公开逐渐满足人们的需求，进而帮助健全政府职责体系。同时信息技术的发展在促进信息公开化的同时，也对档案资源开发造成了影响。在信息化的背景下，人们的信息意识逐渐增强。传统的公开信息量已经不足以满足人们的需求，档案信息的管理与开发对政府的工作起到很重要的作用。开发信息资源能够更好地为和谐社会服务，部分档案资源的内容丰富，通过对这些资源进行整理，能够成为重要的教学教育素材。政府拥有着最庞大的公共信息，通过对公共信息进行管理，加快行政管理体制改革。只有信息的公开化能够实现信息的共享，这样才能加速推动服务型政府的形成。政府也需要通过部分档案信息的公开，得到公民需求的反馈。政府要做到信息的公开，就必须逐步开放档案信息资源。随着社会的发展，人们的精神要求逐渐提高，为使得档案资源能够真正发挥作用，政府需实现部分资源的公开化自由化。同时档案资源信息的开发能够有效促进国家科学文化的发展。部分档案信息是多年来人类智慧的结晶，其中记载着关于生产生活的经验与教训，或是记录了科学发展的进程，一部分档案具有极高的参考价值。这些档案推动着社会生活的发展，能够为目前生产生活提供新的方式和手段。

（四）基于计算机网络的多媒体技术在案件侦查中的应用

近些年，多媒体技术逐渐应用在不同的领域。随着案件的不断增多，建立情报信息系统已经成为侦破案件的重点。多媒体数据体量大、来源广，能够对大量的数据进行分析和处理，数据输入输出速度快，为各企业的工作和个人的信息处理提供技术上的支持。近些年各类案件的发生，为相关的稽查人员的工作造成了极大的困难，同时犯罪手段逐渐高明，为案件的侦破造成阻碍。随着网络的发达，部分犯罪分子也应用高科技手段犯罪，使得获取信息更加困难。同时部分稽查人员的情报信息搜集意识薄弱，对于部分单位的基本情况掌握不到位，使得情报信息的来源单一。

犯罪分子的反侦察能力越来越强，造成收集情报的渠道狭窄，在建立相关信息平台后能够加强情报信息的搜索力度。首先通过线人信息网能够准确获得信息，扩大信息收集的范围。同时建立违法人员内部信息网，对初犯采取震慑攻势，并从中获取其他信息。对于多次作案的犯罪嫌疑人，通过跟踪取证，能够从现有案件中挖掘新线索。执法单位的内部交流信息网可以提供第一线的信息，对信息进行秘密取证，并按步骤进行实施，最终锁定有价值的目标。现报经营是一项复杂的工作，首先要收集足够的证据，同时需设定经营策略。通过有计划的跟踪和排查，准确找到案件的突破口和切入点，开展调查工作。案件的情报来源是查处案件的关键，把握数据的关键节点，根据不同案件情况对情报进行深入挖掘，实现对案件的精准打击。

相比于国外，多媒体技术在我国虽然起步较晚，但其发展势头却非常迅猛，它丰富了人们的业余生活，方便了人们的衣食住行，大有势不可挡之态。本文首先简述了计算机网络的多媒体技术的应用，进而分析了基于计算机网络的多媒体技术在教学中、建筑施工中的应用、信息管理中的应用、案件侦查中等方面的应用。计算机网络技术在社会生产活动中发挥着巨大的作用。

（五）计算机网络技术在图书馆信息资源共享中的应用

信息资源共享构成了现代图书馆的重要功能。图书馆对于馆内资源如果能够全面进行共享，则可以保证图书资源达到最大化的资源利用效益，充分体现了共享图书馆信息资源的重要意义。在网络技术手段作为支撑的前提下，图书馆可以全面共享现有的信息资源，增强不同地域以及不同类型图书馆之间的信息互动联系。因此，从信息资源共享的角度来讲，图书馆对于计算机网络科技手段应当正确加以利用，以增强图书资源共享的实效性。

图书馆的基本价值在于传递文化资源，因此客观上要求各个图书馆之间共享现有的图书信息资源，弥补图书馆缺失的信息资源。在网络化的背景下，图书馆保存了很多的电子数据资源，并且拥有丰富的图书资料与图书信息，图书馆在进行馆内丰富信息资源的互通过程中，必须借助网络科技手段来构建资源互动的渠道，不断扩大图书馆沟通与共享信息资源的覆盖范围。在信息资源共享的实践领域内，计算机网络技术体现了重要的技术推动价值。

1. 图书馆实施信息资源共享的必要性

图书馆的服务宗旨在于提供各种类型的书籍资源，从而实现传承文明资源的目标，提升公共文化领域的服务水准。图书馆由于具有上述的读者服务宗旨，因而客观上决定了图书馆必须共享馆内的信息与资源，以充分保证各种书籍与资料都能够被分享。信息资源共享的重要目标在于提供快捷的图书服务，运用快捷与简便的方式来满足读者的日常阅读需求。读者在感受到便捷服务的同时，对于图书馆服务将会达到更为满意的程度。

在计算机网络技术的支撑下，相关负责人员应当帮助读者实现个性化的书籍订阅服务，紧密结合读者的真实需求来订阅读者所需的电子书籍。图书馆的管理负责人员需要热情服务各个不同的读者群体，耐心为读者查找所需资料，增进读者与图书管理人员之间的互动。由此可见，图书馆共享信息资源的本质就在于提升读者服务的层次与质量，全面体现图书馆具备的公益服务本质。

在完善图书馆的资源共享模式过程中，相关部门应当有效利用计算机网络技术手段，不断丰富图书馆的信息共享技术内涵。图书馆应当运用智能化的方式来营造良好的读者服务环境，确保计算机网络手段能够得到更多读者的喜爱，不断更新图书馆现有的现代化服务设施以及信息共享设施。现代图书馆由于具备了个性化的电子资源订阅服务，因此能够保证多数读者顺利获取电子资源，节省了读者获取图书馆资源的时间成本。

2. 图书馆信息资源共享过程中计算机网络技术的重要作用

（1）提升资源共享的图书馆服务质量

各个图书馆在共享图书资源的环节中，应当保证读者拥有更加快捷的资源获取方式，因此必须将网络科技手段融入图书资源分享的实施过程，对于现有的图书资源共享方式与资源管理方式都要进行全面创新。图书管理人员应当为读者提供相应的书籍搜索指引，帮助读者顺利查找电子书籍资料。

图书资源管理与网络科技手段的融合意味着图书馆应当保证图书资源的完整性，并且运用电子化手段来保存与整理电子书籍资料。图书馆在共享资源的同时，对于自身的服务质量也能得到有效提升。

（2）增进图书馆资源交流

图书馆如果要达到交流与互动馆内资源的目标，必须依靠网络平台来提供支撑。图书馆针对各种需求的读者群体应当提供相应的图书服务，并运用智能化手段来分辨读者的需求差异性，推送个性化的图书资料与资源。此外，读者群体与图书管理人员之间已经能够充分借助移动科技手段来进行实时性的互动，避免读者需求受到忽视，从而实现了图书馆便捷服务的宗旨。

图书馆的重要作用就在于自动推送智能化的数据与信息，其中主要包含各个不同领域的图书资源信息。同时，图书馆之间应当秉持互通有无的宗旨来实施互动，全面交流图书馆现有的信息与资源，避免图书馆的宝贵信息资源被浪费。

（3）营造良好的图书馆服务氛围

图书馆共享资源与资料的宗旨就在于服务读者，在网络科技得到充分利用的前提下，读者将会感受到图书馆的良好服务氛围，认可网络科技平台给图书馆服务带来的转变。

完善图书馆网络化运行模式的基本思路就在于营造良好的图书资源沟通与分享氛围，创造全新的读者阅读体验。读者与图书馆员可以通过运用微信方式或者其他的信息化方式来进行相互沟通，保证读者可以选择在任何地点进行沟通联系，并且方便图书馆员解答读者的疑惑。

公众读者可以通过登录图书馆账号来查阅现有的馆藏资源，运用快捷的途径来沟通图书馆的相关管理人员，为读者群体营造良好的电子书籍阅读体验。

在网络科技手段得以有效推广之后，图书馆就可以依靠信息互通平台来互通图书资源，进而保证了图书馆有效利用闲置的书籍资料，建成统一的书籍资源目录。

3. 图书馆信息资源共享的具体实施要点

共享图书信息资源意味着图书馆应当将现有的图书资源分享给其他的图书馆，而不能够局限于封闭的图书馆管理模式。这是由于分享馆内资源的做法可以达到优化利用图书资源的目的，营造开放性的图书馆沟通气氛。共享图书信息资源应当注重以下几点：

（1）完善馆际书籍与资料的互借制度

馆际书籍的互借制度本质在于不同的图书馆之间互通资料信息，充分弥补图书馆现有的资料空缺，进而体现了馆际互动对于图书馆服务水准提升的重要促进作用。在馆际互借的模式下，图书馆可以将闲置的电子书籍资源推荐给其他图书馆，避免浪费宝贵的图书信息资源。

但是在目前看来，馆际互借的模式并没有真正达到完善的程度，其根源在于馆际互借模式缺乏健全的数字化平台作为支撑。因此，图书馆目前应当引进馆际书籍互借的新举措，正确运用网络科技手段来搭建馆际互借平台。图书馆应当自觉实施馆内资源开放的措施，从而保证其他图书馆能够顺利获得自身的闲置图书资源。

（2）搭建图书数据资料的共享平台

数据共享中心目前已经成为各个图书馆实现互通资源的重要渠道与途径。在数据共享中心的协调下，不同地域的图书馆之间可以分享书籍资料，提升了图书馆利用各种资源与资料的实效性。由此可见，数据共享平台对于图书馆实现内部资料互通以及馆际互动具有重要的支撑作用。因此，近些年来，很多高校图书馆以及其他的公益性图书馆都在逐步建成共享图书资料的云平台，充分运用云技术手段，来促进图书馆之间实现资料互通以及信息共享。

（3）图书馆联合采购图书资料

在传统的图书资料采购模式下，各个图书馆对于目前所需的书籍资料实施封闭式的采购方法，因而造成众多的图书资源被重复采购，浪费了采购书籍资料的资金成本。从现状来看，图书馆可以运用联合采购各种资料与书籍的方式来增强馆际互动，对于统一的书籍资源数据库进行全面的构建。图书馆之间如果能够联合实施图书资源的采购，则有助于图书馆分享采购书籍，避免了重复性的书籍资料采购现象。

（4）运用联网方式来编制电子资源目录

图书馆在编制电子书籍目录的过程中，应当运用联网编制目录的方式，运用各个图书馆相互配合的做法来编制统一的书籍资源目录。在各个图书馆拥有统一书籍目录的前提下，读者只要进入了电子资源的目录系统，就可以查找各个图书馆现存的书籍种类，方便读者迅速锁定借阅电子书籍的目标，有效节省了读者查找各种书籍资源的时间。

图书馆要实现共享图书信息资源的目标，就必须将网络技术平台作为重要的信息共享平台。在网络化的总体背景下，图书馆之间可以充分利用云平台来分享馆藏的电子书籍资料，这不仅增强了信息资源在不同图书馆之间流动的实效性，简化信息资源共享的操作环节，而且节省了信息资源互动的时间成本。由此可见，信息资源共享的环节必须由网络技术来提供保障。作为图书馆的管理负责人员，应当高度重视馆际交流的信息化平台搭建，确保网络技术能够融入图书馆共享数字电子资源的全过程中。

（六）新时期计算机网络云计算技术

随着现代计算机网络技术的不断发展，越来越多的与计算机网络有关的现代化技术得以出现，并且有着广泛的应用，其中云计算技术就是比较常见的一种，在实际应用中发挥着较高的价值。在信息时代背景下，为能够使计算机网络云计算技术更好地发展及应用，需要对云计算技术加强认识及研究，在此基础上才能够使该技术的应用及发展取得满意的成果，使这一技术在社会各个领域实现更理想应用。

云计算技术是以计算机网络技术为基础发展而来的一种现代化科学技术，这一技术在实际生活及工作中的应用为人们提供较大便利，尤其在当前大数据时代，云计算技术的应用可使数据存储及数据分析更加高效安全，因而促使计算机网络云技术技术的进一步良好发展也就十分必要。研究中主要针对新时期计算机网络云计算技术，以促使相关人员对这一技术更好认知及了解，并且为该技术的进一步应用及发展提供支持。

1. 计算机云计算

所谓云计算所指的就是在当前互联网服务器中所存在的各种不同资源，常见的主要包括软件、存储卡以及 CPU 等相关类型。在云计算的运行过程中，其主要就是在利用计算机网络基础上进行相关需求信息的发送，在这种情况下远程计算机能够依据请求发送适当的针对性信息，其中信息服务构建，主要就是供应商的云计算提供。依据当前云计算实际应用中的相关服务模式可知，云计算实际上是以计算机网络为基础的提供服务资源的一种形式，在计算机网络中利用资源整合及资源配置等相关方式，对于计算机数据资源可实现信息反馈，同时，云计算是大数据时代的发展为背景的，其所面对的用户数量比较多，通过云平台及云服务向用户提供帮助，从而使用户的有关信息需求能够得到满足及保障。

（1）计算机网络云计算的类型

就目前计算机网络云计算技术的应用而言，依据其不同标准，在云计算分类方面有一定差异性，但是，目前大部分情况下都是依据服务性质对云计算实行分类，主要将其分为两种不同类型，分别为私有云与公有云。其中，对于私有云而言，其所指的就是客户单独构建的相关计算机云服务平台，并且可依据客户不同需求，将个性化云服务提供给客户，由于私有云的这种特点，也就能够将更加安全高质的相关信息服务提供给客户，并且能够使客户不同需求得到较好满足，可实现计算机网络服务效率的有效提升，满足实际需求。对于公有云而言，其所指的就是通过他人所构建的云平台提供相关云计算服务，因而公有云相对于私有云而言，具有更加开放性的特点，因而其安全性相比于私有云也就较差，用户可依据自身的需求对不同类型云计算技术进行选择。

（2）新时期计算机网络云计算机技术的应用

①计算机网络云计算技术的应用特点

随着现代信息时代的不断快速发展，计算机网络信息技术也得以快速发展，并且在网络信息技术的实际发展过程中，云计算技术的应用及发展已经成为重要内容，并且在现代化的信息技术发展中也属于具体的体现。就目前计算机网络云计算技术的实际应用而言，其所表现出的应用特点主要包括以下六点：

第一，在云计算技术的实际应用过程中，其规模相对而言比较大，可以将较大规模的有关计算机服务向用户提供，从而使用户对数据的计算需求得到满足。

第二，云计算技术具有虚拟化特点，在云计算技术的实际应用过程中，可使传统计算机模式中存在的不足之处及缺陷得以改变，可使用户在任意时间及地点获取信息资源，获取更好的服务，从而使用户的信息需求能够得到更好满足。

第三，云计算机技术具有服务质量较好且安全性比较高的特点，在私有云平台得以有效应用的基础上，可将更加安全可靠的信息保障提供的用户，确保用户能够更好获取所需的相关信息。

第四，云计算技术具有通用性特点，在云计算技术的实际应用中，对于不同方面的应用均能够支持，且通过云运行的实现，可确保多个应用实现同时运行，在此基础上可使各个应用的实际运行效率得以较大程度的提升，满足各种应用的实际需求。

第五，云计算技术的扩展性比较理想，就目前云计算技术的实际应用情况而言，可表现出十分理想的自动伸缩特点，可将用户需求作为基础，实现自动化扩展服务的构建，从而使服务质量能够得到较好的保障，将更好质量的服务提供给用户。

第六，云计算技术的应用成本相对而言比较低，并且云计算技术的发展速度比较快，随着云计算技术越来越成熟，在今后各种类型的应用中，云计算技术必然会发挥着越来越重要的作用，为各种应用作用的更好发挥提供有效支持与保障。

②计算机网络云计算技术在应用中的不足及缺陷

就目前计算机网络云计算技术的实际应用及发展情况而言，虽然得到一定的发展成果，然而这一技术在实际应用中仍有一定不足之处及局限性存在，在云计算技术的实际应用及发展中仍旧存在一定问题。在云计算技术的应用及云计算服务方面，对于相关信息资源的获取，其来源为供应商数据库，这种情况的存在会导致对于有关的数据资源，用户端无法实现直接获取以及控制，因而在实践应用中对于有些数据资源，用户往往会不具备访问权限，信息获取也就存在困难。就当前云计算技术的实际应用情况而言，数据完整性的实现仍旧比较困难，由于云计算技术在实际应用过程中对于数据的存储通常都选择分布式存储方式,这种存储方式会导致数据存储比较分散，也就很难使数据完整性得以有效实现，对于数据存储及利用会产生不良影响。

（3）新时期计算机网络云计算技术应用的进一步完善措施

在目前计算机网络云计算技术的实际应用过程中，由于仍旧存在一定缺陷及不足，也就需要对网络云计算技术进行完善，以实现计算机网络云计算技术的更好应用及发展，具体而言，需要从以下几个方面入手进行完善。

①访问权限的合理设置

在新时期计算机网络云计算技术的实际应用过程中，为能够实现其更好应用及发展，首先需要注意的一点就是应当对数据访问权限的合理设置。就目前实际情况而言，云计算服务的提供方主要就是相关供应商，为能够使信息安全性得到更好的保障，供应商应当对用户的实际需求充分了解及把握，在此基础上依据用户的实际需求及实际情况，对相关的访问权限进行科学合理设置，从而使相关信息资源能够实现安全共享，使用户的信息需求得到满足。由于目前的互联网开放式环境的影响，作为供应商一方面需要对访问权限进行科学合理的设置，使资源的合理分享及应用得以加强，保证资源得以更好应用。另一方面而言，有关供应商也需要有效开展相关加密及保密工作，供应商及用户均需要对信息安全防护加强注意，积极网络安全的构建，从而使用户安全能够得到理想的保障。所以，在今后云计算技术的应用及发展过程中，对于安全技术体系构建需要进一步强化，在对访问权限进行科学合理设置的基础上，使信息防护水平有效提升，从而使云计算技术的应用具有更好的环境基础与保障。

②有效提升数据信息完整性

在计算机云计算技术的实际应用中，数据信息的存储技术属于核心内容，因而有效进行数据信息存储，实现数据信息完整性的进一步增强具有重要的意义，这在云计算技术应用及发展方面也是十分重要的内容。

第一，对于目前的云计算资源而言，通常都是通过离散方式在云系统中分布，因而对于云系统内的相关数据资源需要加强安全保护，且需要使数据完整性得到较好的保障，这对于数据信息资源应用价值的进一步提升十分有利。

第二，对于数据存储技术，需要进一步加快其发展，尤其在当前大数据时代背景下，为能够实现云计算技术的更好应用及发展，对于数据存储技术创新构建需要加强重视，以实现数据信息的更合理存储。

第三，在目前云计算技术的实际应用过程中，对于其发展环境需要进一步优化，在理念创新及技术创新得以实现的基础上，与新时期的发展环境更好适应，从而使云计算技术应用价值能够得以有效提升，这一点在云计算技术的应用及发展中属于重点内容。

③提升用户的网络安全意识

在新时期的计算机网络云计算技术实际应用过程中，为能够实现其更理想的应用，另外需要注意的一点就是应当提升用户的网络安全意识，从而使用户能够对网络安全进行更好把握，在云计算技术的应用中有效避免网络病毒的入侵，实现数据安全的有效防护，从而使云计算技术的应用得到满意效果。

在现代社会科学技术不断快速发展的背景下，计算机网络云计算技术作为一种新兴技术在社会上很多专业及领域内均有着广泛的应用，并且具有较高的应用价值，因而需要促使云计算技术实现良好发展。

第二节 浅谈计算机网络安全中数据安全加密技术的应用

信息技术的飞速发展，计算机网络在各个行业都被广泛地应用，为了保证各行业的信息和数据的安全，数据加密技术受到了人们的高度重视。本文围绕计算机网络安全展开研究，分析了信息时代威胁计算机网络安全的因素，并对数据加密技术的重要性做出有效阐述，根据现阶段数据加密技术的种类和特点，对数据加密技术的实际运用进行分析，促进数据加密技术能够更好地服务于计算机网络，提高计算机网络的安全，避免出现网络安全问题对用户造成严重损失。

随着互联网的全面普及和参与的人群基数越来越大，计算机网络的运行风险也在持续增加，网络信息数据将时刻处在危险之中，因此，计算机网络安全问题才成为了目前人们所重点关注的一项任务，很多拥有强大保密维护作用的数据加密技术实现了充足的发展。很多的国家已经在数据加密技术方面投入了大量的资金与人力，使得目前的数据加密技术有了灵活性较高、实用性较好等特点。

一、威胁计算机网络安全的因素

（一）计算机病毒

目前，计算机病毒对计算机网络安全的威胁非常严重，计算机病毒其实也是一种计算机程序，但是这种程序与广义上的计算机程序有很大的不同点，计算机程序的开发和运用是为了让操作更加便捷或者是能够实现对更多功能的运用，但是，计算机病毒应用程序开发和运用是为了满足开发者自身的利益，计算机病毒应用程序的开发不仅严重危害计算机用户的切身利益，而且对计算机本身的应用程序和数据都会进行严重的破坏。基于计算机病毒的形成的条件和标准，计算机病毒有一定的隐蔽性、破坏性等特点，由于有些计算机用户使用不当，造成计算机病毒入侵计算机系统导致用户密码丢失，给用户造成一定的损失，有些计算机病毒是单一的，通过特殊的渠道形成的，但是有些计算机病毒具有很强的感染性和寄生性，很大程度上影响计算机网络安全可靠性。

（二）高科技犯罪分子

高科技犯罪分子俗称电脑黑客，黑客是目前威胁计算机网络安全最主要力量，电脑黑客对电脑的攻击轻则导致部分电脑崩溃，重则导致整个计算机网络出现严重的漏洞，让计算机网络的安全指数直线下降，不同于计算机病毒，是非常有规律的病毒运行程序，黑客是人为的损坏电脑程序，黑客主要利用的就是计算机本身存在的漏洞，当黑客找到漏洞的时候，就会采取不合法的手段入侵到电脑系统中，盗取计算机用户的加密信息和数据，严重威胁着计算机网络安全，相比电脑病毒对计算机的危害要更加严重，如果数据加密技术不能有效地运用，电脑黑客对计算机网络安全的威胁将更加严重，很大程度上影响了计算机网络安全的指数，严重降低用户对计算机网络的信任程度。

（三）计算机操作系统自身配置失衡

系统安全防护程度低在威胁计算机网络安全中，主要分析了计算机病毒和电脑黑客对计算机网络的影响，另外计算机操作系统自身配置失衡也是威胁计算机网络安全的重要因素。由于许多计算机用户对计算机内部的配置没有有效的了解，不重视对计算机操作系统中各软件的功能，许多计算机用户都不能正确对待计算防火墙等软件的使用，有的计算机用户在不了解的情况下，甚至自行卸载对计算机进行安全防护的防火墙软件，这在很大程度上降低了计算机自身的安全防护功能，严重影响了计算机的安全。

二、计算机网络安全中数据加密技术的运用

（一）计算机网络数据库

为了有效提高计算机网络数据库的信息和数据安全，必须正确运用数据加密技术，首先应该通过一定的手段把网络数据库管理系统平台和数据加密技术紧密结合，正确运用和分析数据加密技术，促进数据加密计算能够在网络数据管理系统平台中发挥应有的作用，把存在安全隐患部分及时反馈到计算机网络数据操作端口，防止信息数据以及网络秘钥被恶意程序盗取或者篡改，促

进数据加密技术能够对网络系统实现有效的安全防护，保证计算机网络用户能够通过数据加密技术对重要的信息和隐私进行有效保护。

（二）对数据加密技术的运用进行有效拓展，促进计算机网络安全

数字签名认证技术由于在不同的系统中被应用，现阶段把数字签名认证技术主要划分为两种应用形式：

第一，私人使用的数字签名认证技术，为了两者的区别划分，私人使用的数字签名认证技术被统称为私人秘钥数字签名技术，这是一种双方都非常认可的认证模式，这种认证模式目前还需要引入第三方组织进行监测，防止信息篡改的可能性。

第二，公用的数字签名认证技术，这种技术通常被运用到系统中，被称为签名安全认证系统，这种公用的计算机数字签名技术相对私人秘钥而言，私人秘钥相对公用数字签名技术在使用程度上要难得多，虽然公用的秘钥要存在很多不同的数据和信息的运算法则，存在的隐患概率也非常小，信息接受者在进行信息使用的过程中只需要保存密码就可以，相对来说，公用的程序更具有优越性。

（三）计算机操作系统

能够在很大程度上保证技术及操作系统的安全，促进计算机网络畅通、高效的运行。目前数据加密技术在计算机操作系统中主要的应用形式是秘钥技术，是目前数据加密技术中重要拓展形式，代表着当前数据加密技术上的高科技技术水平，数据加密技术在计算机操作系统中的运用模式能够有效阻止计算机操作系统被病毒和网络黑客攻击，计算机操作系统中应用数据加密技术比较广泛的领域是网上购物以及网络办公等，数据加密技术的拓展应用，一定程度上避免了信息数据传输中的麻烦，有效保证了私人信息安全，促进计算机网络发展，有效推进网络安全管理技术的完善。

在网络高速发展的信息时代作高效、生活便捷的同时，通常也伴随着很多不安全因素，面对着越来越先进的网络技术，人们的隐私安全也受到了严重的威胁。计算机系统漏洞、流氓软件的入侵、病毒的侵入、黑客的攻击等不利因素都对人们正常的信息传递与资料传输造成了威胁与影响。所以，数据加密技术需要得到更大的改进，保证计算机用户数据的安全。

第三节 计算机网络中大数据与人工智能技术的应用

在大数据时代下，计算网络和人工智能成了未来发展的趋势，高新技的应用有助于现代各类行业有效发展，尤其是在计算机的网络应用中，人们的生活水平得到提升的同时，大数据和人工智能的应用会使得人们的生活更加美好，本文将重点探索其中的应用和相关问题。

人工智能是一门全新的技术科学，所扩展的领域十分广泛，计算机网络的快速发展让我国居民的生活水平得到了巨大的提升，这二者的结合应用能让人类的生活更加美好。所以要充分发挥

这两者的作用，具体问题具体分析，实现计算机网络计算和人工智能技术的深度融合，使得两者持续发展，本文将阐述人工智能的相关优势，通过优势来谈谈两者应用的思考。

一、大数据与人工智能技术相关概述

（一）大数据时代

大数据时代是指在现有计算机网络技术发展的背景下，整合计算机网络技术发展的新技术。在大数据技术的发展和变革过程中，需要注意分析大数据技术应用的内在意义。更准确地说，大数据时代是我国计算机网络技术快速发展后形成的数据存储技术。在该技术的应用过程中，大量的信息可以通过虚拟空间存储器存储在计算机网络系统中。从大数据时代计算机网络技术快速发展形成的技术应用形式来看，整个技术应用具有以下特点。在大数据时代，数据技术的应用涉及到多种信息。在大数据时代，计算机网络技术所带来的信息规模是巨大的。在大数据时代的计算机网络技术处理中，信息处理的可靠性在大数据时代的计算机网络技术处理中不断提高。大数据时代计算机网络技术的飞速发展，带动了大规模数据技术在我国计算机科学发展中的应用，已经能够满足现代科学技术发展中网络信息技术的存储需求。

（二）大数据和人工智能技术

在我国网络信息技术的迅速发展中，我国大数据的时代下，许多企业工作都是利用计算机网络平台来对数据信息进行兼容和储存，并且用户的使用随机性强，可以通过使用大数据来精准定位信息，用户可以突破时空的限制查找自己想要的信息，并且在系统的运行过程中，及时查看当时更新的信息，大数据的内存十分广泛，远远超过 10tb，所以用户在使用的过程中，提供系统的安全性和稳定性十分有必要，人工智能的快速发展能够让在技术的基础上，让人类思考模拟到计算机本身之中，从而更好地提高工作效率，解决工作中发生的难题，从而改善原本的思维模式，运用系统自身的信息效率和水平，并且时刻检测系统中出现的问题，确保系统保持良好的状态，这是未来人工智能的发展趋势，也是计算机网络发展的重要基石。

（三）完善网络系统

在使用计算机网路时，在交换信息时系统的指令运行能够促进系统智能化、数字化方向的发展，在似海的大数据中筛选出更为有用的信息，并且在智能化的管理过程中，使用自身独立的运作系统来检测网络信息，从而达到更为广阔的监管范围，让计算机网络系统更加健康，制度更加完善。网络系统是大数据存在的一个重要基石，许多人工智能技术都是要基于网络系统这个基础之上的，网络系统有效的保证了信息的运行，同时也注重信息的有效筛选和系统评价。在智能化发展的今日，人工智能的应用越来越离不开人们的生活，更需要每个人参与到大数据的合理有效使用中去。

（四）应用优势阐述

在大数据时代背景下，信息数据的增量体积庞大，面对众多的信息，提取有效的信息是十分有必要的，这就需要一定的信息处理加工技术。在传统技术的基础上，很难做到满足现今的信息需求，所以将人工智能合理运用到计算的系统中是十分有必要的，以下分析了三点关于大数据人工智能融合运用的优势。第一点是计算机网络中大数据和人工智能的相互融合运用，计算机网络中的大数据和人工智能能够有效提升网络的稳定性。因为信息数据在网络中流动性很大，需要对信息进行灵活处理来保证有效信息的分析和整合，确保计算机网络的稳定运行，所以人工智能对于大数据的稳定是十分有必要的。第二点就是大数据时代下的网络管理更需要智能化的管理机制，大部分的大数据监督是需要在一定的条件下进行的，我们在处理信息的时候需要对信息进行加工处理以保证网络的安全稳定运行，从而更好地促进人工智能和大数据的融合。第三点是人工智能在提升大数据应用的理解性，大数据是一项范围十分广泛的技术，所涉及的学科又广又泛，并不是仅仅依靠大数据的处理就能解决的，人工智能要像大脑一样飞速运行，从而促进大数据的理解运算能力，更大程度上降低运行的成本。

二、大数据与人工智能技术在计算机网络中的具体应用

（一）在网络安全系统中的应用

在使用计算网络时，一个复杂、海量的数据信息中，稍有不慎就会收到有害的信息，在大数据时代的背景下，管理员要保证原本大数据的基础上设置安全防护系统，及时对不知名的文件设置一定的安全检测，对于潜在危险和病毒的程序及时杀除和避免，让计算机受到的伤害减小到最低，除此之外，管理员也要定时查看网络，通过防火墙的设置，减少不必要的窗口弹出，根据自身的需要来访问记录，高效提供计算机中存在的问题，并且及时改进，满足人工智能技术上对用户的需求和体验。

（二）在网络评价系统中的应用

在大数据发展的过程中，我们一旦发现信息来源可疑，就需要通过电信技术或者智能操作技术来维持计算机的健康和持续运行。如果计算机能够有效的对信息进行整合，一旦发现问题，大数据就能根据原本设置好的指令来匹配相应的信息和分类，保证信息的有效安全性和流畅性，在分配原则上注重信息的有效分类和管理，保证分配内容全覆盖运行，在技术上高效分配管理系统。

（三）人工智能与计算机网络

智能机器人对人工智能机器人的感知水平、操作水平和认知水平有较高的要求，通过集成人工智能和大数据，机器人可以做出类似的人脑决策。采用数据处理和学习算法，通过模式识别引擎设置人工智能机器人的学习能力，分析操作过程中大数据的结构和系统化。随着智能机器人数量的增加，相应的训练数据也随着神经元节点数量的增加而增加，智能机器人的语义识别能力增强，包括智能制造、智能生产系统和智能生产系统在制造过程中，可以进行推理、分析和决策等智能活动。通过智能化生产，创新自动化理念，使之更智能、更高、更灵活。大数据是制造业的基础。在智能生产和定制平台中，大量的数据是必不可少的。智能电网大数据技术可通过用户用电量应用于所有电网环节，通过形势分析，完善电力系统配电和供电规划，完成电网监控是高度可靠的。如果智能电网在人们生活中得到广泛应用，智能电网中大数据业务的发展将更加全面和

高效，可以进一步提高国家电网的效率。

（四）安全管理技术和系统的应用

众所周知，黑客在计算机网络系统的运行中经常遇到诸如入侵等问题。导致用户信息泄露、安全隐患和经济损失。面对这种情况，工作人员必须将人工智能应用到计算机网络安全管理技术中，充分发挥人工智能的优势，根据计算机推理机制建立数据库，提高计算机编码能力，保证抵御黑客入侵的能力，加强数据安全，提高计算机网络系统的安全性。同时，工作人员在使用人工智能时运用到安全管理当中，在黑客入侵时，及时抵挡外敌的入侵，保证系统的安全性的同时，从而促进产业的可持续发展，从而保证数据在管理系统中的应用，当计算机网络和人工智能相结合时，我们可以将信息库中的自愿有效的利用起来，在内容复杂的过程中，将无效的垃圾邮件、识别库中利用人工智能的技术及时发现其中的隐患，设定其中的运算程序，保证计算机数据系统的有效运行，合理运用计算机防火智能墙，保证计算机网络的安全平稳运行，对不安全的因素进行数据处理，对于深层次的数据进行有效编码，合理使用人工智能代理，比如知识库、解释推理器、人工智能管理软件的应用。

在大数据时代的背景下，在信息量增多的时候，我们更要用保持理性的观点去看待信息处理的方式，现在的计算机人工智能计算还不算完善，经常会出现工作效率低下、网络瘫痪等低级问题，工作人员在做好计算机处理的同时，要保证好计算机数据的储存和分析整理，在面对漏洞时做到不慌乱，及时更新，便能有效促进人工智能和计算机网络间的有效发展。

（五）人工智能在消防监督管理中的应用探究

近年来，消防监督管理的工作中已经开始采用现代科学技术与先进的手段，尤其是人工智能技术，不仅可以提升消防监督管理工作质量，还能改善当前的监管工作现状，具有一定的使用价值。因此，在消防监督管理的工作中，应该积极采用人工智能技术，通过人工神经网络系统开展监管活动，完善相关的监督管理工作机制与模式，彰显人工智能技术在消防监督管理工作中的优势，为后续的发展夯实基础。

消防监督管理工作中采用人工智能技术，应该积极采用数据挖掘与学习系统、数据智能化处理系统，积极引进先进的基础设备，完善各方面的工作模式，通过人工智能技术提升消防监督管理的质量，保证监管工作的智能化实施。

1. 人工智能技术分析

对于人工智能技术而言，是现代化的先进科学技术，可通过模拟人类的思维方式形成智能化系统。从本质方面来讲，人工智能技术属于计算机科学中的分支部分，可以通过和人类智能较为相似的形式，做出智能化的反应，其中主要有机器人技术、语言与图像识别技术、自然语言处理技术与专家系统等等，模拟人类的思想，有效处理各种信息，为各个领域提供了极大的帮助，能够形成智能化的工作模式，代替部分人工操作，减轻人员工作压力，降低企业的人力资源成本。

2. 人工智能技术在消防监督管理中的功能

消防监督管理的工作中采用人工智能技术，功能较为丰富，具体的功能表现为：

（1）自学的功能

在消防监管的工作中采用先进的人工智能技术，具有较强的自学功能，例如：在消防监督的图像识别过程中，可以先将各种图像的样板、数据等输入到人工神经网络系统中，在自学之后，可以学会识别相关的图像与信息，替代人工操作。与此同时，还能够预测相关的消防问题，智能化提出相应的问题解决对策，使得消防监管工作内容更加全面，从根本上规避监管的隐患。

（2）联想存储的功能

人工智能技术中的人工神经网络中有反馈网络系统，通过此类系统能够形成联想存储的模式，将其应用在消防监管工作中，可以联想存储有关的数据信息、图像，便于在工作中快速做出监督管理的反应，提升各方面工作的便利性。

（3）快速解决问题的功能

采用人工智能技术开展相关的消防监管工作，系统能够按照问题的具体情况，高速度运算处理，快速寻找到解决问题的方式和措施，这样不仅可以节省消防监管的决策时间，还能提升问题解决效果。

3. 人工智能技术在消防监督管理中的应用技术

消防监督管理的工作中要想全面应用人工智能技术，就应该对技术内容形成深入的理解，有效使用相关技术措施。具体为：

（1）合理采用数据挖掘技术

消防监督管理的过程中，涉及到大量的数据信息，传统的人员操作无法全面挖掘相关数据信息，工作难度较高。而采用人工智能技术，可以通过系统全面挖掘数据信息，明确各种数据相互之间的联系，挖掘消防监管中的信息内容。因此，在消防监管的工作中应该积极采用人工智能技术中的数据挖掘功能，将人工神经网络作为基础，通过分布式计算、多神经元与深层次反馈等形式，从大量数据中挖掘有价值的内容，便于针对性开展监管工作。

（2）合理采用知识与数据智能化处理技术

消防监管的工作中，采用人工智能技术，应该注重知识和数据智能化处理技术的合理应用。通过人工智能专家系统开展知识处理工作，在计算机智能系统的支持下，可以有效开展知识和数据的智能化处理工作，便于归纳总结消防监督管理的经验，然后借助推理技术模拟复杂的消防监管问题，自动化寻找到最佳的处理措施，这样不仅可以提升消防监管工作质量和效果，还能改善目前的现状，形成系统化的监管工作模式。

（3）采用人机交互技术

消防监管工作中，应该积极采用人工智能的人机交互技术，通过模拟识别计算方式、机器人处理方式等，模拟人类的消防监管行为，自动化识别消防工作中的问题，提出相关的监督管理工作建议，不再局限于传统的人工操作，而是通过人机交互的形式，形成系统化的监管工作机制，代替部分监管人员的操作行为，提升整体的工作质量。

（4）积极采用人工神经网络技术

消防监督管理的工作中采用人工神经网络技术，能够提升整体的工作效果，主要因为人工神经网络具备非局限性、非常定性的特点，图像识别性能、问题分析能力较为良好，可以自动化寻找复杂问题的解决方式，为消防监管工作提供帮助。尤其在重大火灾隐患认定的工作中，使用人工神经网络技术，可以替代专家独立完成相关的工作任务，系统化开展重大火灾隐患的认定工作，提升消防监督管理工作的便利性。

4. 人工智能在消防监督管理中的注意事项

消防监督管理的工作中，要想有效采用人工智能技术，就应该注意各种事项，彰显先进人工智能技术的优势和作用，保证各项工作的有效实施和开展。具体措施为：

（1）健全相关的工作体系

消防监管的工作中，为了能够有效采用先进人工智能技术，应该健全相关的工作体系，保证技术的有效应用，全面提升各方面的消防监管工作质量。首先，应该结合人工智能技术的特点与实际情况，创建相关的工作体系，要求监管工作人员对人工智能技术形成系统化的认知，积极学习人工智能技术在消防监督管理中的应用知识和技能，可以在实际工作中合理使用先进的技术，打破传统工作的局限性，改善各方面的工作形式，在人工智能技术的支持下，不断提升消防监管工作质量。其次，应该制定完善的责任机制，明确人工智能技术的应用责任，要求每个部门都要积极使用先进技术，一旦发现有技术应用不规范、不合理的现象，必须要对负责人进行惩罚，调动人员应用人工智能技术的积极性。最后，在创建相关体系的过程中，必须要保证人工智能技术应用规范性与有效性，安排专业技术人员组织使用先进的人工智能技术，形成现代化的工作模式，彰显人工智能技术在消防监管中的积极作用。

（2）积极引进先进的设备

消防监管的过程中，要想有效应用人工智能技术，就必须要积极引进先进设备，保证技术应用的有效性，促使消防监管工作的高质量实施。首先，应该积极引进与人工智能技术相关的设备，强化资金的投入力度，尤其是专家系统、机器人设备等等，必须要保证完善性与先进性，便于应用在消防监管的具体工作中。其次，在使用先进设备的过程中，还需配置配套的软件系统，按照消防监管的工作需求，合理开发相关的软件系统与平台，全面收集与处理消防数据信息，自动化、智能化分析相关的数据，提取有价值的内容，分析现存的问题，然后提出解决问题的建议和措施，从根本上提升消防监管工作效果。例如消防工程的验收工作中，就可以采用人工智能技术判定消防工程是否合格，将国家消防工程的标准、基础条件、法律制度等输入系统中，然后自动化分析消防工程中的问题，为监管部门提供准确的依据，不仅可以提升监管工作有效性，还能改善当前的监管现状，提升各方面的工作质量和水平。

（3）火灾事故认定中的注意事项

消防监管的工作中，火灾事故认定属于重要的部分，只有合理开展认定工作，才能保证监管工作的有效实施。在此情况下，消防监管部门应该积极使用人工智能技术，有效开展火灾事故的认定工作，首先，安排专业的工作人员对神经网络进行设置，使得神经网络能够“学习”专家的智慧，之后可以替代专家人员独立完成火灾事故的认定工作，这样不仅可以降低成本，还能提升工作效率。其次，还可以在系统中设置火灾事故的认定标准，利用人工智能系统自动化判定火灾的危害程度与严重程度，然后智能化提出解决火灾事故问题的建议，便于相关监管部门有效开展工作。最后，在使用人工智能技术的过程中，还需结合火灾事故的发生特点、规律等，将各种数据信息输入其中，便于有效开展火灾事故的认定工作，形成良好的火灾事故认定工作机制与模式，提升监管工作便利性，满足当前的监管需求。

（4）创建专业化的监管工作系统

消防监管工作中要想有效使用人工智能技术，就应该创建专业化的监管工作系统，针对性开展相关的监管工作。首先，应该按照消防监督管理工作的类型，设置相应的系统，主要涉及火灾事故认定类型、消防工程验收类型、消防工作的监督类型等等，每个类型的工作都需要设置专家系统，安排专业的人员完善专家系统中的内容，便于替代人工操作，针对性处置各项工作的数据。其次，在创设相关监管系统的过程中，积极借鉴国内外成功经验，利用相关的系统提升消防监督管理工作的智能化水平，改善当前的工作现状。

综上所述，在消防监管的工作中采用人工智能技术，具有自学功能、快速寻找解决问题途径的功能，具有非常重要的意义。因此，在消防监管期间应该重视人工智能技术的应用，合理采用先进的技术措施，创建完善的工作机制与专业化的工作系统，明确火灾事故认定、消防工程验收中的应用注意事项，通过人工智技术简化监管工作模式与机制，提升各方面工作水平。

第四节 计算机网络技术在电子信息工程中的应用研究

在电子信息工程内，计算机网络技术是一类十分重要的技术，能保障信息资源的高速共享和传递，为人类生活生产带来了极大的便利。以下在简要叙述计算机网络技术和电子信息工程后，分析电子信息工程中计算机网络技术的应用意义，探究计算机网络技术在电子信息工程内的应用。

在现代社会中，随处可见电子信息工程的身影，在国内科技力量的增长下，在计算机网络技术的逐步发展下，现有的电子信息工程，其通信安全性和效率均得到了明显提高，满足着人们在生产生活内的更多需要。要实现电子信息工程的合理应用和快速发展，其中计算机网络技术的应用合理性十分必要，它能促使信息数据的便捷共享成为可能，在复杂的网络环境中保障有关重要数据的隐私和安全，为此对电子信息工程内计算机网络技术的应用进行探究意义重大。

一、计算机网络技术及电子信息工程简述

（一）计算机网络技术

通信技术和计算机技术灵活结合后的产物便是计算机网络技术，它遵循着有关网络协议，连接着各地区内的独立计算机系统，并通过光纤电缆等等介质完成了网络通信系统的构建。这一系统中终端为计算机，并从预先设定的有关程序启动和运行，处理海量的数据信息。最终多个计算机由网络进行连接，实现数据链路的构建，达成通信功能和信息共享的目标。将这一技术应用进电子信息工程内，能集中对数据信息进行处理，为电子信息工程提供充分支持，使其能利用网络进行图片文字等数据信息的传递，且传递安全性有所保障，是电子信息工程内的一类重点技术。

（二）电子信息工程

构建以数据的采集、传递或处理等功能相结合的电子信息系统，是电子信息工程的主要目标。它能为人类生产生活带来更多支持，将数据分析及处理的效率充分提高，在21世纪中，该类工程的应用更为广泛，在各领域中发挥着其几乎不可替代的作用。此外，在智能手机等智能终端的逐步普及下，该类工程的覆盖范围又被拓展，更需要通信技术、计算机网络技术的支持，保障各设备的信息传递功能。信息处理是该类工程的核心功能，要保障信息处理任务的完成，需要对数据信息开展整合分析，为此采集及传输原始数据的环节会影响到系统功能，只有将该类工程和计算机网络技术灵活结合，才能确保工程需要得到充分满足。

二、电子信息工程中计算机网络技术的应用意义

（一）提高数据处理的准确率

在该类工程中，数据处理是一项重要功能。要保障组织机构管理、现代化生产内电子信息工程的良好应用，便需保障其数据处理的精准性。而对虚拟的数据信息来讲，其精准性存在着两层含义。首先，是数据本身的精准性；其次，是信息数据的实效性。即只有于有效的时间区间中将数据处理任务完成，才能实现管理人员决策需求的满足，使其对事件发展进行合理的判断分析。在计算机技术的变化下，当下信息传输的效率在提高的同时，信息传输的安全性也实现了显著提高，能充分保障数据处理的准确率。

（二）提高信息数据传输效率

在该类工程的构建时，便将主要方向定位为网络传播，而在网络设计中，核心的设计理念也是便捷性，信息传输效率的高效性，能促使该类工程和应用环境的充分融合。为此在该类工程的开发中，研发人员要对网络通信技术进行合理选择，从系统真实的需求出发。而覆盖范围更大、信息传播高效正是计算机网络技术的主要特征，为此以虚拟网络这一板块开展数据传输及储存，便能对用户真实的通信需要最大程度上满足。

（三）提升数据信息的利用率

对计算机网络技术而言，它是一类可完成信息共享的先进技术。当下的该项技术在经过多个发展阶段后，从以往的远程联机系统，逐步发展为当下的现代化计算机网络系统，其中网络智能

化的程度在逐步提升，其覆盖范围也在逐步拓展。而在卫星通信、广域网等技术的加入下，便能实现在网络内接入世界任一计算机终端的目标，让信息资源的共享度再次得到升级。

三、电子信息工程中计算机网络技术的应用

（一）网络安全防护技术

在多个领域内该类工程都发挥着重要作用，例如办公生产、政府或学术研究等等，而该项工程要突破的首要难题便是数据信息的安全性。客观而言，该类工程基本均存在一定的安全隐患，无法将安全隐患彻底消灭，分析可知，数据交换、系统设计或者硬件软件等等，均是会导致安全风险的来源点，尤其网络环境中数据信息的传播，便会因网络存在的开放性，导致数据信息受到更大安全威胁。对于该类问题，网络安全防护有关技术的发展，便能为该类工程的应用、数据信息的传递带来充分的安全保障。

分析可知网络系统的漏洞、传输线路等均易导致网络安全风险，系统漏洞也会成为黑客攻击、信息盗取的出发点，而防护技术的应用，便能利用防火墙的构建，隔离外部网络及系统内网，检测各个访问请求，以此将非法入侵阻断，最终实现保护电子信息系统的目标。在数据传递的流程中，它能通过信息加密或数字签名等技术，验证处理所传输的数据，最终保障数据信息的有效和完整，实现有效网络安全防护。

（二）信息传递功能应用

在信息爆炸的现代化环境中，每分钟会有大量数据信息产生，人们可通过对上述数据的有效选择和利用，最终以此完成自身的管理或生产活动。在信息数据的传递中，计算机网络是一类重要的载体，起着连接电子信息系统的重要功能，并负责将数据传输、信息交流等工作完成。而光纤、双绞线等均可成为传输载体，局域网、广域网等也均可成为传输网络，电路交换或分组交换等，也可成为数据交换的方法，计算机网络技术的灵活应用，能促使该类工程所需的信息传递需求被最大限度满足。

（三）开发数字化的设备

在该类工程中有着资源共享、新设备开发等环节，但上述环节均需计算机网络为其工作提供一定条件和支持。对研发者而言，他们在对数字信号运行机制充分掌握后，才能尽可能对系统开发的要求进行满足，达成电子信息系统的社会化、网络化建设目标。对通信线路而言，该类工程要提供给用户网络接口，并将广域网干线连接，区分建设过程内的公用线及专用线，对网络体系结构进行合理设计。在当下的该类工程中，应用更多的有 UNIX 和它的派生系统，但这一网络体系不具备统一协议标准，其网络通信存在一定复杂性，要求研发者能以计算机网络技术完成其中通信问题的解决。而在媒体设备上，要支持网络邮件的查询或发送，达成超文本文件阅读的目标，便可以 HTTP 超文本传输协议，为用户提供网络信息资源的查询便利。

（四）信息资源间的共享

信息资源的共享关键，在于计算机网络技术的合理应用，利用对有关通信协议的遵循，实现

网络连接的建立，让电子设备间可完成数据信息的顺利传输，最终实现共享资源信息的主要目标。当下 TCP/IP 协议是主要的通信协议之一，在该协议内，有着网络接口层、网络层及应用层，利用分层体系的建立，便能达成信息汇聚，并让传输控制免受其影响。开发人员应压缩文件，让文件能往指定的目标系统内精准传达，于网络通信协议的协助下，让庞大数据信息实现网络内的有序传播目标，让用户能获取个人所需的大量内容信息。在当下计算机网络的逐步发展下，现有的信息共享程度正在不断增长，能让该类工程为用户带来更高效、快捷的服务，将网络技术、电子技术的优势进行整合，让信息资源充分发挥自身的多种价值。

（五）广域网技术的应用

该技术有着灵活的覆盖范围，小至几十大至几万千米，可对城市、国家甚至大洲进行覆盖，其覆盖的范围对其服务范围起着决定性作用。在该类工程中广域网技术的应用，能让各国家或城市内部的信息系统实现连接，最终达成网络通信的目标。当下广域网用户的数量正在不断增长，潜在为网络带宽带来了更多要求，以光缆、电缆为介质的网络传输通道，能对多数网络通信需求进行满足，再加之卫星转发微波信道等方面协助，便能对各层次、各地域网络通信需求进行满足。在当下应用广泛的多个网络通信方法中，广域网其一的核心技术是光纤组网，光纤技术不仅带宽较高，且有着较强的抗干扰功能，能保障长距离下的网络通信信息传输质量，因此光缆是当下广域网组网的主要构成。此外，存在独特优势的卫星通信也能利用地面收发站的安装，对偏远山区内的网络覆盖难题进行解决，并能在自然灾害中保持一定的网络通信功能，强化网络通信的应急处理能力。

结合以上，在电子信息工程内，其关键技术之一是计算机网络技术，该技术的发展能实现推动电子信息工程发展的目标，并推动该工程的技术革新。计算机网络技术的应用，能促使电子信息工程完成资源共享、信息传递或者网络安全防护，以此在全球范围内，为不同用户带来更高效且更为便捷的信息服务。

第五节　基于“互联网 +”的农业经济发展研究

互联网技术资源的推广普及很大程度上改变了农业经济的发展环境，结合互联网技术的创新特点制定农业经济发展战略，有助于互联网经济实用性价值的充分开发。本文首先对互联网在农业经济领域应用存在的不足进行了研究总结，并结合农业经济发展的特征和规律，制定了提升互联网技术应用质量的具体策略，对确保农业经济在新时期市场环境中的创新发展，具有重要积极意义。

互联网经济的创新应用很大程度上改变了农业经济的发展环境，充分开发出互联网技术的应用价值，可以为农业经济的优化发展提供较高水平的支持。因此，将互联网技术有效的应用于农业经济发展，是很多农村经济工作者高度关注的问题。

一、互联网技术在农业经济领域的主要应用优势

目前，互联网技术的高速发展在很大程度上带动了各行业的发展，尤其在互联网技术可以将信息资源实现高效精准传播的情况下，很多商业领域已经将引进和应用互联网技术作为拓展市场份额的主要手段。在互联网技术仍处在高速创新阶段的情况下，农业经济的发展需要对互联网技术的突出价值具备足够的重视，并在制定发展战略过程中，将互联网技术的有效应用作为工作重点。在农业经济进入新发展阶段的情况下，实现对农产品相关资本的有效运作已经成为农产品经济价值变现的基础性需求，因此，对互联网技术所具备的多方面应用价值进行开发，有助于互联网技术在农业经济领域的高水平应用。

二、基于互联网的农业经济发展存在问题

（一）农村互联网基础设施建设水平较差

互联网基础设施的建设水平直接影响着互联网技术资源的应用质量。从当前农业经济发展的实际环境来看，部分互联网基础设施的应用情况未能得到足够的关注，导致现代农业产业的发展受到较大的制约性影响，无法凭借硬件资源的优势满足现代农业产业发展的相关需要。部分农村互联网基础设施在制定建设方案过程中，对于互联网技术已经在其他工商业领域发挥的应用价值缺乏足够重视，导致互联网技术资源所具有的应用价值难以得到凸显，无法为农产品信息推广等关键性工作的开展提供必要支持，难以为农产业数据化建设方案的创新改良提供必要支持。部分农业经济发展战略在设计过程中，对于农村电商发展环境的关注度较低，缺乏对农村互联网产业发展过程中各项政策法规应用价值的关注，导致影响农村互联网信息产业发展应用质量的因素无法充分明确自身价值，难以为互联网相关信息基础设施的建设提供具体的支持，也使得农业发展所需的有利条件难以得到充分供给。部分互联网基础设施建设人员对于当前农产业数据化建设的推进情况缺乏有效的考察，没有针对国家农业管理机构在电商发展方面的具体举措，制定互联网基础设施建设相关的法律法规，导致互联网信息基础设施建设所需的各项基础条件无法得到充分的供给，难以为农业的创新发展提供更加便利的条件。

（二）互联网与农产业运输工作的衔接不够紧密

从当前互联网产业发展的角度来看，很多互联网技术的应用方与农产业运输的业务对接存在不足，缺乏对农产业运输相关技术性需求的有效关注，导致互联网技术资源的应用价值无法得到充分的开发，难以在优化农产品资源供给方案的过程中实现对互联网技术的有效应用。部分互联网技术在探索应用策略过程中，对于生产者群体和消费者群体的特征分析存在不足，缺乏对第三方接入的价值评估，导致农产业运输的重要性难以得到有效的认知，互联网技术资源的引进和创新无法与农产业运输等重点工作实现有机结合。部分互联网技术的掌握者虽然进行了农产业运输工作所需条件的分析，但缺乏对互联网在运输信息供给方面优势的研究，没有结合农产品的生产及销售特点制定农产业运输管控的具体方案，导致农产业运输管理体系的构建无法在互联网技术的充分帮助之下得到改进。一些互联网技术在创新推广过程中，缺乏对农产品实际消耗情况的研

究，在处理成本管控等具体工作的过程中，缺乏对农产品运输所需条件的关注，导致当前农产业运输领域的资源总量无法得到有效的总结，难以凭借资源的创新整合提升农产业运输综合水平，也使得互联网技术难以与农产业运输的具体需求实现有机结合。

（三）农业经济领域互联网专业人才供给质量较差

互联网技术处在高速创新的过程中，只有实现对互联网技术之中有利因素价值的充分开发，并对相应的人才供给方案进行创新，才可以有效地满足农业经济发展相关需要，但是，从现有的农业经济发展情况来看，互联网相关专业人才的引进和培育机制不够成熟，很多人才培育内容简单的局限于现有互联网技术资源的应用，缺乏对农业经济发展过程中各类有利因素的开发应用，导致互联网专业人才的供给战略无法得到优化构建，难以在信息专业人才创新供给方面满足农业经济发展所需的技术条件。部分互联网专业人才的培育对于互联网技术相关硬件设施的操作情况缺乏有效地关注，简单地将计算机技术的基础知识作为培训内容，缺乏互联网技术广泛存在特性的深入分析，最终导致农业经济发展战略在制定的过程中，无法有效地凭借互联网技术所具备的应用优势实现对农业经济发展所需资源的掌握，也使得农产业发展过程中的专业人才供给方案难以借此得到成熟构建。

三、基于互联网的农业经济发展优化策略

（一）提高农村互联网基础设施建设水平

农村互联网基础设施的建设需要借助这一有利条件，全面结合电子商务基础产业高速发展的现状构建起符合农业经济发展战略需求的经济战略，使互联网基础设施建设的价值得到更大程度的凸显。在使用互联网技术改进农业经济发展的过程中，务必对农业经济发展所需的各类客观因素进行总结考察，使满足现代农业发展需求的措施可以借此得到优化调整，为互联网技术推广过程中，基础设施的改造升级提供更加理想的条件。一定要加强对互联网技术高速发展特征的关注，尤其要对影响现代农业产业发展质量的各方面因素进行创新性考察，使满足农业经济发展实际需要的技术性举措能够得到优化调整，更好的适应互联网技术的优化推广需要。一定要对互联网产业发展过程中所涉及到的客观因素进行有效总结，并对现代农产品推广所需的各类支持予以研究，以此保证农产业信息化建设所需的各项资源可以得到充足供给，为互联网技术在农产业领域的充分普及推广帮助。互联网基础设施的建设人员还必须加强对互联网建设相关规定的研究，尤其要对农产品信息推广的市场需求进行分析，使互联网技术在信息传播方面的突出优势能够得到有效开发，更加完整的适应农村互联网技术的普及需求，并保证相应的基础设施建设举措能够得到优化调节。

（二）提高互联网与农产业运输工作的衔接质量

要从优化农业产业结构布局出发，制定农产品运输和互联网衔接方案，提升农产业布局合理性，促进产业融合，使功能多元模式可以得到有效的构建。互联网技术的应用一定要加强对农业产业机构组成情况的研究，并对农业相关业务的类别进行总结分析，为农产品相关资源的综合利

用提供更加完整的保障。在制定农产业运输的相关工作方案过程中，要对互联网技术所具备的应用价值进行总结，并在制定互联网技术的具体引进方案过程中，加强对农产业运输所需条件的关注，为互联网技术应用价值的体现提供更加有利的支持，并保证农产业运输所需的资源可以得到充分供给。要加强对互联网技术普及应用过程中，生产群体和消费群体特征的分析，结合各方面的实际资源需要，对互联网技术的突出应用价值进行合理分析，为互联网技术有效实现与农产业运输工作的结合提供帮助。在制定互联网技术引进方案过程中，要对农产品的实际特征进行深入分析，尤其要对不同地域的农产品生产特征和销售状态进行科学分析，使农产业运输所需的各类条件都能得到明确，并保证互联网技术可以在这一过程中发挥更高水平的应用价值。在制定互联网技术推广应用具体方案过程中，一定要强化对农产业运输相关管理工作的研究，并对各类工作的分工进行研究，使农产业运输所需资源可以得到更加充分的整合，并在互联网技术的帮助之下，实现货物配送效率的有效提升。要对当前互联网线上配送产业的构建特征进行总结分析，使现代农业发展所需的各类技术支持都能得到明确，为农产业配送与互联网技术深度融合创造有利条件。

（三）提升农业经济领域互联网专业人才的供给质量

农业经济领域互联网专业人才的培育务必实现对现有培训资源的充分调用，以此满足农业经济创新发展需要。农业经济领域的专业人士一定要对互联网专业人才的重要价值进行总结，结合互联网技术创新速度较快的特点，制定互联网专业人才的供给方案，保证相关培训工作的设计可以与农业经济发展的客观需求相适应，充分满足互联网技术性人才的培育和供给需要。要加强对互联网专业人才引进价值的研究，并对以计算机为主体的各类硬件资源供给需求进行研究，使人才培育相关工作在组织设计的过程中，可以充分满足互联网技术高速创新的客观需要，为互联网专业人才培育方案的改进提供有力条件，一定要加强对农产业相关基础知识的研究，使互联网技术之中有助于农产业发展的因素可以得到有效的总结应用，充分满足互联网技术的创新性应用需要，为农产业领域人才供给模式的合理构建提供必要支持。在制定互联网专业的人才引进策略过程中，要对农业经济领域人员的就业需求进行有效分析，在确保农业产业相关人才引进措施得到合理构建的基础上，更加有效地实现对农业发展所需条件的构建，为互联网技术应用价值的充分显现提供更加完整的支持。

互联网技术的推广普及已经在很大程度上改善了农业经济的发展环境，在当前国内农业经济发展面临的挑战性因素较为复杂的情况下，实现对互联网技术资源应用价值的有效开发，成了很多农业经济产业专业人士高度关注的问题。因此，对互联网时代农业经济发展存在的具体问题进行总结，并制定相应的改进策略，对提高农业经济发展综合质量，具有重要积极意义。

参考文献

[1] 李书标 , 黄书林 . 计算机网络基础 [M]. 北京：北京理工大学出版社 ,2018.

[2] 罗刘敏 . 计算机网络基础 [M]. 北京：北京理工大学出版社 ,2018.

[3] 仝军 , 赵治 , 田洪生 . 计算机网络基础 [M]. 北京：北京理工大学出版社 ,2018.

[4] 周怡 , 孟实 , 林雷 . 计算机网络基础实验指导 [M]. 杭州：浙江工商大学出版社 ,2018.

[5] 曾兆敏 , 张风彦 . 计算机网络基础 [M]. 西安：西北工业大学出版社 ,2018.

[6] 张利峰 , 王莉莉 . 计算机网络基础 [M]. 北京：中国铁道出版社 ,2018.

[7] 谭雪松 , 李芃荃 . 计算机网络基础 [M]. 北京：人民邮电出版社 ,2018.

[8] 杨世康 , 索向峰 . 计算机网络基础 [M]. 成都：电子科技大学出版社 ,2018.

[9] 曹莹莹 . 计算机网络基础 [M]. 南京：南京大学出版社 ,2018.

[10] 崔维 , 吴淑琴 , 赵佗 , 王建宏 . 计算机网络基础 [M]. 石家庄：河北科学技术出版社 ,2018.

[11] 李烨责任编辑；（中国）李芳 , 熊婷 , 童正江 . 计算机网络基础 [M]. 上海：上海交通大学出版社 ,2018.

[12] 杨艳 , 阚永彪 , 施扬志 . 计算机网络基础 [M]. 上海：同济大学出版社 ,2018.

[13] 苏畅 , 熊鑫 . 计算机网络基础 [M]. 西安：西北工业大学出版社 ,2018.

[14] 张荐 . 计算机网络基础 [M]. 北京：人民交通出版社 ,2018.

[15] 许楠 , 王志刚 , 李恒武 . 计算机网络基础 [M]. 北京：中国青年出版社 ,2018.

[16] 何凯霖 , 陈轲；丁晓峰 , 徐力 , 陈迪舸 . 计算机网络基础 [M]. 北京：人民邮电出版社 ,2018.

[17] 刘建友 , 李清霞 , 张俊林 . 计算机网络基础 [M]. 北京：清华大学出版社 ,2018.

[18] 赵智超 , 吴铁峰 , 袁琳琳 . 计算机网络基础 [M]. 北京：中国纺织出版社 ,2018.

[19] 范云 . 计算机网络基础 [M]. 北京：机械工业出版社 ,2019.

[20] 莫兴福 . 计算机网络基础 [M]. 西安：西北工业大学出版社 ,2019.

[21] 危光辉 . 计算机网络基础 [M]. 北京：机械工业出版社 ,2019.

[22] 常会丽 . 计算机网络基础 [M]. 哈尔滨：哈尔滨工程大学出版社 ,2019.

[23] 中锐网络 . 计算机网络基础 [M]. 北京：北京师范大学出版社 ,2019.

[24] 刘波 , 朱利利 , 邓悟 . 计算机网络基础 [M]. 吉林出版集团股份有限公司 ,2019.

[25] 蔡京玫 , 宋文官 . 计算机网络基础 [M]. 北京：中国铁道出版社 ,2019.

[26] 李继伟 . 计算机网络基础 [M]. 北京：语文出版社 ,2019.

[27] 谢丽杲 . 计算机网络基础 [M]. 国家开放大学出版社 ,2019.

[28] 张根岭 , 韩英华 . 计算机网络基础与应用 [M]. 哈尔滨：哈尔滨工程大学出版社 ,2019.

[29] 刘侃 . 计算机网络基础与应用 [M]. 武汉：华中师范大学出版社 ,2019.

[30]（中国）蒋建峰 , 张娴 , 张运嵩 . 计算机网络基础项目化教程 [M]. 高等教育出版社 ,2019.

[31] 张鹏程 . 计算机网络基础及实训教程 [M]. 合肥：合肥工业大学出版社 ,2019.

[32] 黄源 , 舒蕾 , 吴文明 . 计算机网络基础与实训教程 [M]. 北京：清华大学出版社 ,2019.

[33] 罗群等 . 计算机网络基础项目化教程 [M]. 上海：复旦大学出版社 ,2019.

[34]（中国）王永红 .“十三五”应用型人才培养规划教材计算机网络基础项目教程 [M]. 清华大学出版社 ,2019.

[35] 张明超 . 新编计算机网络技术基础教程 [M]. 电子科技大学出版社 ,2019.